院士解锁中国科技

匡廷云 主笔

小绿叶中的大天地

中国编辑学会 中国科普作家协会 主编

中国少年儿童新闻出版总社
中国少年兒童出版社
北 京

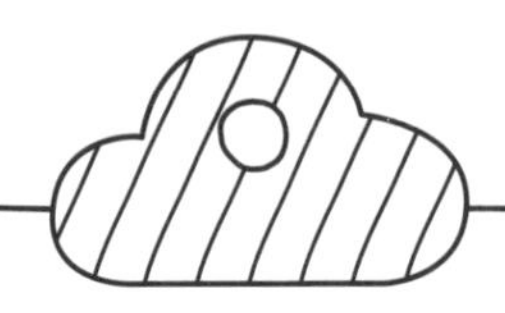

图书在版编目（CIP）数据

小绿叶中的大天地 / 匡廷云主笔. — 北京 ： 中国少年儿童出版社，2023.1（2023.2 重印）
（院士解锁中国科技）
ISBN 978-7-5148-7826-4

Ⅰ. ①小… Ⅱ. ①匡… Ⅲ. ①林业－农业技术－中国－少儿读物 Ⅳ. ①S7-49

中国版本图书馆CIP数据核字(2022)第238904号

XIAO LÜYE ZHONG DE DA TIANDI
（院士解锁中国科技）

出版发行：中国少年儿童新闻出版总社 中国少年兒童出版社
出 版 人：孙 柱
执行出版人：张晓楠

责任编辑：柯 超 叶 丹 王 燕 韩春艳 封面设计：许文会
美术编辑：朱莉荟 版式设计：施元春
责任校对：夏明媛 形象设计：冯衍妍
插 图：李维娜 聂 辉 周 剑 赵 川 任 嘉 责任印务：李 洋

社 址：北京市朝阳区建国门外大街丙12号 邮政编码：100022
编 辑 部：010-57526809 总 编 室：010-57526070
客 服 部：010-57526258 官方网址：www.ccppg.cn

印刷：北京利丰雅高长城印刷有限公司

开本：720mm×1000mm 1/16 印张：9.25
版次：2023年1月第1版 印次：2023年2月北京第2次印刷
字数：200千字 印数：10001－60000册

ISBN 978-7-5148-7826-4 定价：45.00元

图书出版质量投诉电话：010-57526069，电子邮箱：cbzlts@ccppg.com.cn

本书创作团队

主　笔

匡廷云

创作团队

（按姓氏笔画排列）

马克平　马亭亭　王文达　白文明
田世平　史玲玲　李家龙　张浩林
林金星　林荣呈　郭守玉　赵媛媛
葛兴芳　程　瑾　瞿礼嘉

“院士解锁中国科技”丛书编辑团队

项目组组长

缪　惟　郑立新

专项组组长

胡纯琦　顾海宏

文稿审读

何强伟　陈　博　李　橦　李晓平　王仁芳　王志宏

美术监理

许文会　高　煜　徐经纬　施元春

丛书编辑

（按姓氏笔画排列）

于歆洋　万　頔　马　欣　王　燕　王仁芳　王志宏　王富宾　尹　丽　叶　丹　包萧红
冯衍妍　朱　曦　朱国兴　朱莉荟　任　伟　邬彩文　刘　浩　许文会　孙　彦　孙美玲
李　伟　李　华　李　萌　李　源　李　橦　李心泊　李晓平　李海艳　李慧远　杨　靓
余　晋　张　颖　张颖芳　陈亚南　金银銮　柯　超　施元春　祝　薇　秦　静　顾海宏
徐经纬　徐懿如　殷　亮　高　煜　曹　靓　韩春艳

前　言

“院士解锁中国科技”丛书是一套由院士牵头创作的少儿科普图书，每卷均由一位或几位中国科学院、中国工程院的院士主笔，每位都是各自领域的佼佼者、领军人物。这么多院士济济一堂，亲力亲为，为少年儿童科普作品担纲写作，确为中国科普界、出版界罕见的盛举！

参与这套丛书领衔主笔的诸位院士表达了让人不能不感动的一个心愿：要通过撰写这套科普图书，把它作为科技强国的种子，播撒到广大少年儿童的心田，希望他们成长为伟大祖国相关科学领域的、继往开来的、一代又一代的科学家与工程技术专家。

主持编写这套丛书的中国少年儿童新闻出版总社是很有眼光、很有魄力的。在这些年我国少儿科普主题图书出版已经很有成绩、很有积累的基础上，他们策划设计了这套集约化、规模化地介绍推广我国顶级高端、原创性、引领性科技成果的大型科普丛书，践行了习近平总书记关于“科技创新、科学普及是实现创新发展的两翼，要把科学普及放在与科技创新同等重要的位置”的重要思想，贯彻了党的二十大关于“教育强国、科技强国、人才强国”的战略要求，将全民阅读与科学普及相结合，用心良苦，投入显著，其作用和价值都让人充满信心。

这套丛书不仅内容高端、前瞻，而且在图文编排上注意了从问题入手和兴趣导向，以生动的语言讲述了相关领域的科普知识，充分照顾到了少年儿童的阅读心理特征，向少年儿童呈现我国科技事业的辉煌和亮点，弘扬科学家精神，阐释科技对于国家未来发展的贡献和意义，有力地服务于少年儿童的科学启蒙，激励他们逐梦科技、从我做起的雄心壮志。

院士团队与编辑团队高质量合作也是这套高新科技内容少儿科普图书的亮点之一。中国少年儿童新闻出版总社集全社之力，组织了 6 个出版中心的 50 多位文、美编辑参与了这套丛书的编辑工作。编辑团队对文稿设计的匠心独运，对内容编排的逻辑追溯，对文稿加工的科学规范，对图文融合的艺术灵感，都能每每让人拍案叫绝，产生一种“意料之外、情理之中”的获得感。

丛书在编写创作的过程中，专门向一些中小学校的同学收集了调查问卷，得到了很多热心人士的大力帮助，在此，也向他们表示衷心的感谢！

相信并祝福这套大型系列科普图书，成为我国少儿主题出版图书进入新时代中的一个重要的标本，成为院士亲力亲为培养小小科学家、小小工程师的一套呕心沥血的示范作品，成为服务我国广大少年儿童放飞科学梦想、创造民族辉煌的一部传世精品。

郝振省

中国编辑学会会长

前　言

科技关乎国运，科普关乎未来。

一个国家只有拥有强大的自主创新能力，才能在激烈的国际竞争中把握先机、赢得主动。当今中国比过去任何时候都需要强大的科技创新力量，这离不开科学家创新精神的支撑。加强科普作品创作，持续提升科普作品原创能力，聚焦“四个面向”创作优秀科普作品，是每个科技工作者的责任。

科普读物涵盖科学知识、科学方法、科学精神三个方面。“院士解锁中国科技”丛书是一套由众多院士团队专为少年儿童打造的科普读物，站位更高，以为中国科学事业培养未来的“接班人”为出发点，不仅让孩子们了解中国科技发展的重要成果，对科学产生直观的印象，感知“科技兴则民族兴，科技强则国家强”，而且帮助孩子们从中汲取营养，激发创造力与想象力，唤起科学梦想，掌握科学原理，建构科学逻辑，从小立志，赋能成长。

这套丛书的创作宗旨紧跟国家科技创新的步伐，遵循“知识性、故事性、趣味性、前沿性”，依托权威专业的院士团队，尊重科学精神，内容细化精确，聚焦中国科学家精神和中国重大科技成就。创作这套丛书的院士团队专业、阵容强大。在创作中，院士团队遵循儿童本位原则，既确保了科学知识内容准确，又充分考虑了少年儿童的理解能力、认知水平和审美需求，深度挖掘科普资源，做到通俗易懂。丛书通过一个个生动的故事，充分体现出中国科学家追求真理、解放思想、勤于思辨的求实精神，是中国科学家将爱国精神与科学精神融为一体的生动写照。

为确保丛书适合少年儿童阅读，院士团队与编辑团队通力合作。在创作过程中，每篇文章都以问题形式导入，用孩子们能够理解的语言进行表达，让晦涩的知识点深入浅出，生动凸显系列重大科技成果背后的中国科学家故事与科学家精神。同时，这套丛书图文并茂，美术作品与文本相辅相成，充分发挥美术作品对科普知识的诠释作用，突出体现美术设计的科学性、童趣性、艺术性。

面对百年未有之大变局，我们要交出一份无愧于新时代的答卷。科学家可以通过科普图书与少年儿童进行交流，实现大手拉小手，培养少年儿童学科学、爱科学的兴趣，弘扬自立自强、不断探索的科学精神，传承攻坚克难的责任担当。少儿科普图书的创作应该潜心打造少年儿童爱看易懂的科普内容，着力少年儿童的科学启蒙，推动青少年科学素养全面提升，成就国家未来创新科技发展的高峰。

衷心期待这套丛书能够获得广大少年儿童朋友们的喜爱。

周忠和

中国科学院院士

中国科普作家协会理事长

写在前面的话

一棵树，一株草，一片叶子，一朵花，都承载着一种使命。

每一种植物都蕴含着可供人类持续探索的生命密码。

在这本书中，你可以站在宏观和微观、整体和局部的两端，观察这些守护生命密码的植物，目睹它们在不断变化的环境中，以怎样的生存智慧让自己枝繁叶茂，展现勃勃生机，并用自己的生命延续自然界千千万万生命。同时，你也会进入植物科学家的世界，感受他们锲而不舍、坚忍不拔的科学精神。未来，你终将步入中国科技的大军中，接过科学家们的接力棒，继续沉思，继续探索生命的密码。

这本书就以探索式的方式展开，铺陈了17个问题。

在这些问题中，有一些是我们生活中习以为常却不曾思考的问题，如果实为什么有不同的味道？为什么小草“野火烧不尽”？还有一些问题把植物和人类联系起来，让你大开脑洞，如植物有“眼睛”吗？植物的“嘴”在哪里？植物是怎么吃饭的？也有一些问题反其道而行之，如水能往高处流吗？有没有不怕水的森林？启发你辩证和全面地思考问题。

你会发现，现在引发你思考的这些问题，在以后的生活和之后的求学路上，会反复出现，而这本书，就为你构建了属于自己的植物科学体系，希望可以让你的求学之路更加轻松和宽广！

我们知道“万物生长靠太阳”，植物依靠太阳的能量进行光合作用。

那一直研究植物的科学家从哪里获取能量呢?

在这本书中，你会读到一位位各具特色的科学家，有创造中国治沙绿色奇迹的科学家；有要给沙漠铺绿毯的科学家；有想去破解“花粉指纹”的科学家；有自己养蜂的科学家；有在海上种树的科学家……

希望这些科学家的故事能触动你的心弦，让你从中看到和植物一样，或坚忍或顽强或富于勇气与决心的故事，会成为激励你前行的力量！同时，从这些故事和科学家身上，感受中国科技的发展和创新，对中国林草、中国林草的科技力量感到骄傲和自豪！

在读完这本书后，希望你能爱上这些会与你相伴一生的林林草草，并通过它们，进一步拓宽自己的眼界和心胸，像它们一样，向阳而生，以执着的追求、坚定的信念、不竭的激情，努力创新创造，在自己擅长的领域取得理想的成绩，点亮未来中国的科技之光！

匡廷云

中国科学院院士

中国科学院植物研究所研究员

目录

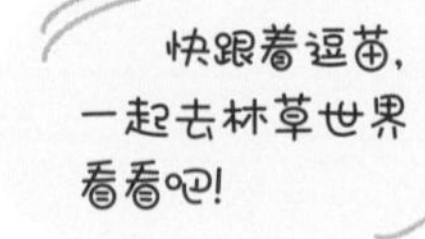
快跟着逗苗，
一起去林草世界
看看吧！

地球的
“皮肤”是什么？

人们都说森林是“地球之肺”。你知道为什么吗？因为森林吸收二氧化碳，呼出氧气。

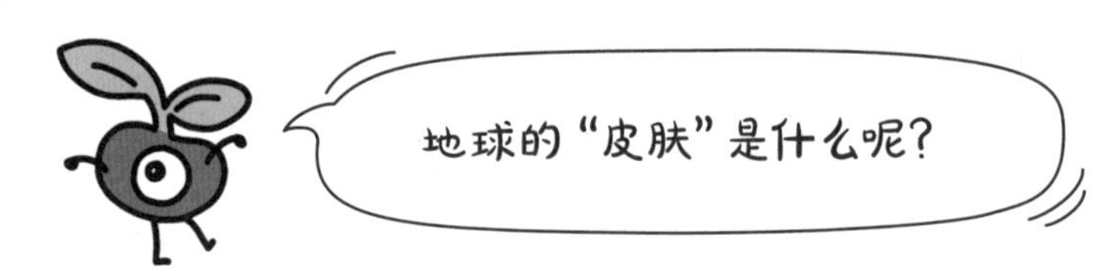

地球陆地表面积的五分之一被草原覆盖，草原不仅保护土壤不流失，而且还是地球表面温度的调节器呢。就像你的皮肤既可以保护你身体的内部器官，又可以通过流汗帮助你散热……草原可不就是地球的“皮肤”嘛！

森林和草原是陆地上最主要的两大自然景观，林草面积约占我国国土面积的65%。

那么，你一眼望去的那翠绿的森林都是一样的吗？那苍茫的草原都是一样的吗？

当然不一样，你能想象得到我国森林里大约有8000种树木吗？就像人类有高矮胖瘦一样，它们有的是高大的乔木，有的是低矮的灌木，还有它们的好伙伴——生长在地面上的苔藓和地衣。当你走进公园，你会发现不同的树种，错落有致，让公园更加美丽。

你会说，小草肯定都一样吧。那一眼望不到边的草原，到底有什么不同呢？我国的科技人员发现在草原上牛羊等牲畜能吃的草就有6000多种，仔细观察，它们也是各有不同呢。

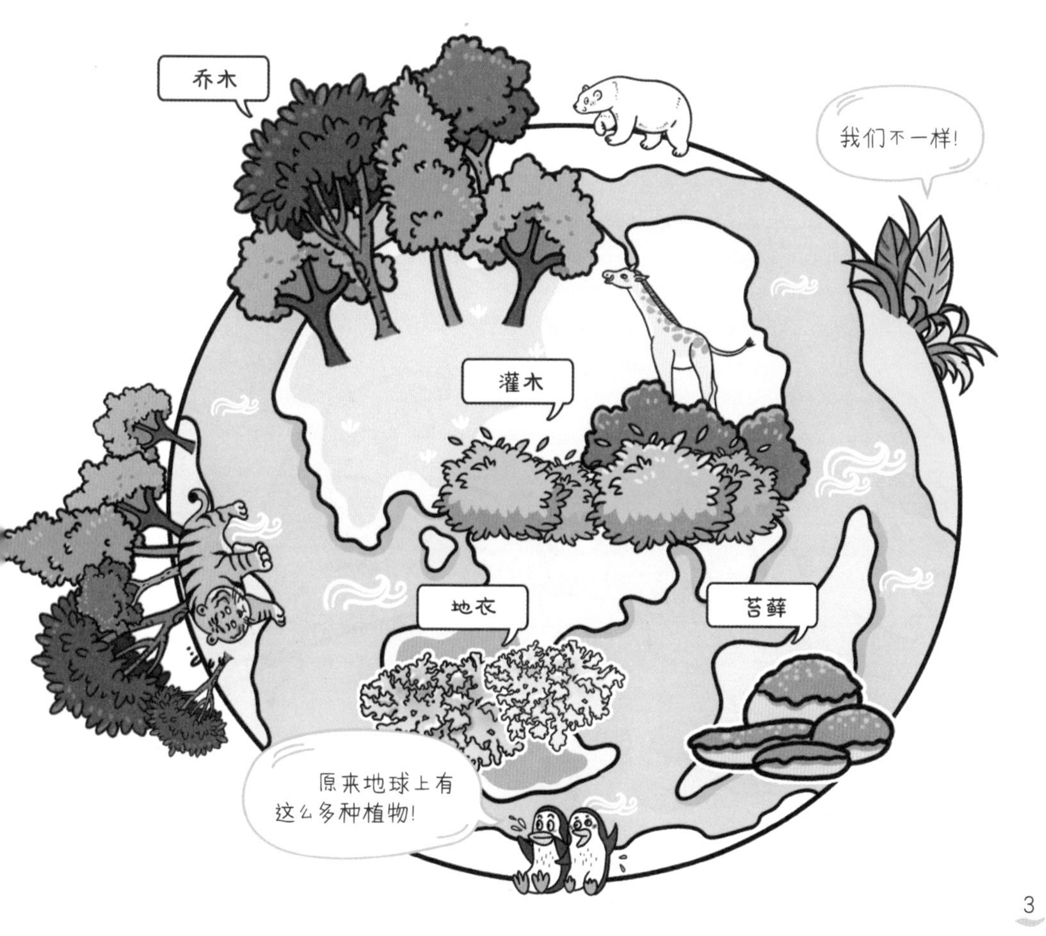

你知道吗？森林和草原，也像我们的肺和皮肤一样会生病。

由于人们大量、过度砍伐和全球气候变化，森林出现了退化现象，就像人们得了肺炎一样，它的呼吸功能减弱，这对我们可不好，因为它“天然氧吧”“天然储水池”“天然隔音墙”“天然空调”的功能就大大降低了。

草原退化会使地表裸露，就像人们得了“皮肤病”一样。如果遇到大风天气，就会尘土飞扬，形成“沙尘暴”；如果遇大雨天气，就会造成地表水土流失，这样土壤养分也就保存不下来了。这些不仅会影响人们的生活，而且会威胁人类的生存呢。

怎样治疗我国森林、草原的“肺炎”和“皮肤病”呢？

我国林业科技工作者们不懈努力，在全国各地进行了大量的植树造林工作。河北塞罕坝就是其中一个鲜活的例子。

塞罕坝是蒙古语，意思是“美丽的山岭水源之地”。但到了清朝，昔日的“美丽山岭”变成了林木稀疏、人迹罕至的茫茫荒原。

新中国刚刚成立的时候，塞罕坝最低气温-43.3℃，当时到处是沙地和荒山秃岭，风卷着沙粒、雪粒遮天蔽日，打到人脸上像刀割一样疼。

房无一间，地无一垄。第一批建设者搭窝棚、挖地窖。一个窝棚住进20人，没有门板，就用草苫子代替，夜里戴着皮帽子睡觉都冻彻骨髓。早上起来，屋内到处是冰霜，褥子都冻结在炕上。工作中，他们浑身的泥浆冻成冰甲，走起路来咔嚓咔嚓直响，但没有一个人叫苦叫累。

当时的林场党委书记王尚海等林场领导把家从外地搬到塞罕坝，并开展了提振士气的“马蹄坑大会战”。这一战，开创了我国机械种植针叶林的先河，把不到8%的造林成活率，提高到了99%以上。

塞罕坝的造林事业从此开足马力，由每年春季造林发展到春秋两季造林，多时每天造林超过2000亩，最多时一年造林达到8万亩。

1979年，我国第一个草原生态系统定位研究站在内蒙古锡林郭勒大草原建立。第一任站长姜恕研究员、第二任站长

小贴士

塞罕坝如何从“苗”到“林”？

塞罕坝创业者们改进了传统的遮阴育苗法，在高原地区首次取得全光育苗法的成功。之后，又逐渐探索出“大胡子”“矮胖子”根系发达、优质壮苗技术要领，大大增加了成苗数量，从技术上彻底解决了大规模造林的种苗供应问题。

陈佐忠研究员和他们的同事就在那里扎下了根。

那时的交通十分不便，通信也很落后。有一次，北京给定位站发了一封电报，通知有一个外国代表团要去访问。结果，代表团到了，电报还没有收到。

就是在这样艰苦的环境下，一代又一代草原人攻克了一个又一个技术难题，如退化草原恢复技术、草原鼠虫害防治技术、合理放牧技术以及牧草经济作物引种栽培技术，等等。

塞罕坝第一代创业者们已至暮年，他们用理想和信念，用青春和热血铸就了“绿色丰碑”，其中所凝结的“塞罕坝精神”，也跨越时空薪火相传。今天，三代塞罕坝人营造出了世界上最大的人工林。

创业难，守业更难。这片绿来之不易，守护好这片绿也并非易事。一点火星、片刻大意，都可能让这片林海毁于一旦。

为确保森林资源安全，中国科技工作者在林场构建了“天空地”一体化森林防火预警监测体系，实现了卫星、无人机、探火雷达、视频监控、高山瞭望、地面巡护有机结合，快速反应。

老一辈的林草科学家、建设者们，用他们的艰苦创业，生动诠释了“绿水青山就是金山银山”理念，他们以塞罕坝百万亩林海筑起了一道牢固的绿色屏障，有效阻滞了浑善达克沙地南侵。塞罕坝良好的生态环境和丰富的物种资源，使其成为珍贵、天然的物种基因库。

如今的塞罕坝被誉为“花的世界、林的海洋、水的源头、云的故乡”。

为什么说
林草是个大家庭?

说到森林，最先浮现在你脑海中的是什么？

说到草原，最先浮现在你脑海中的是什么？

森林和草地是地球上生物多样性最丰富的生态系统，它们的家庭成员庞杂而多样。

不过，正是这种多样性才让林草这个大家庭充满了生机和活力！

那么，我国的森林和草地是什么样的呢？

简单来说，我国的林草大家庭主要有八个兄弟。这八兄弟不仅生活环境不同，而且各自小家庭的成员组成也很不一样呢。

就拿寒温带针叶林生态系统来说，这个小家庭生活在大兴安岭北部，家里最具代表性的植物“老大哥”就是兴安落叶松。

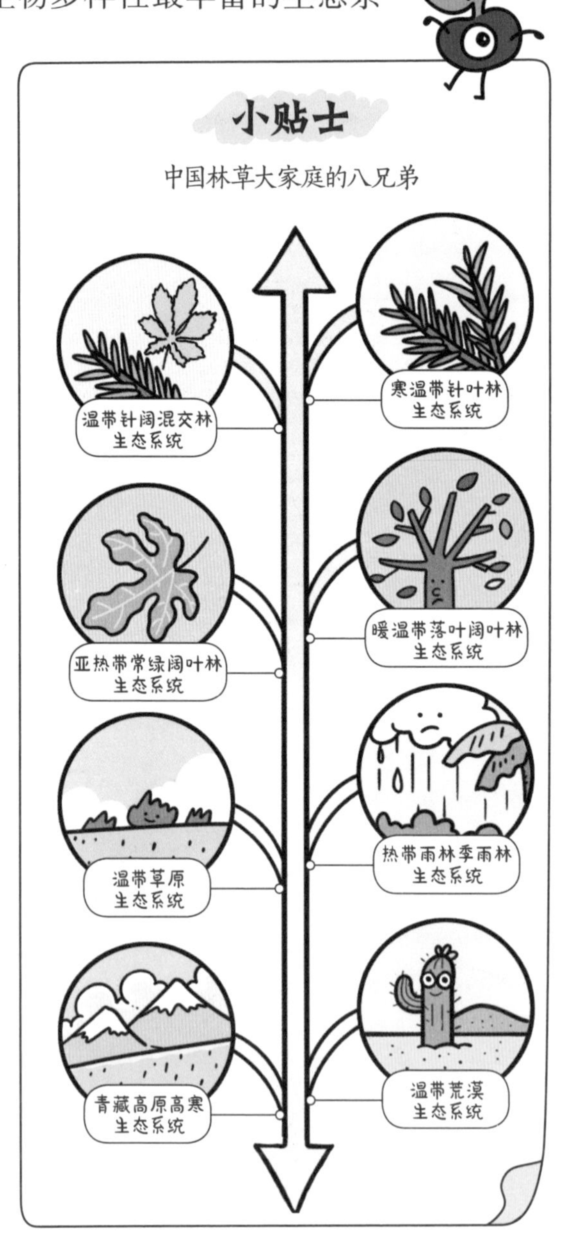

兴安落叶松是松树中少有的一到冬天就会落叶的种类。不过，它却是顶厉害的耐寒勇士。

在寒冷的冻土之上，它挺立着光秃秃的身子，不吭一声，默默生长，一点点，一片片，最后成千上万的兴安落叶松汇聚成大兴安岭浩瀚的林海。

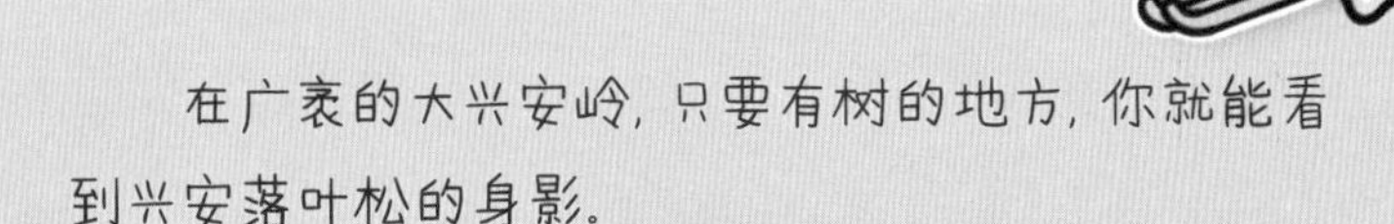

在广袤的大兴安岭，只要有树的地方，你就能看到兴安落叶松的身影。

作为“老大哥”，它还温柔地庇护着家中的弟弟妹妹，杜鹃、铃兰、柴胡、菌类、苔藓……在它的照拂下，弟弟妹妹恣意生长。驼鹿、狍子、原麝和黑嘴松鸡等野生动物经常悠闲地漫步林间。

要说哪个小家庭生物种类多，形态最丰富，热带雨林季雨林生态系统当之无愧。

一树成林；

老茎生花；

空中花园……

热带雨林的奇观，简直太多太多。

在这一家子里，最引人注目的当属“绿巨人”——望天树。望天树的身材粗壮，圆滚笔直，身高有10到20层楼那么高。

你若站在树下，根本看不到它的枝叶，只有使劲儿仰头望向天空，才有可能看到它的全貌！

它可是这个小家庭的一大功臣，要不是发现了它，国外科学家都不认可我国有热带雨林。

这是怎么回事呢？

原来，在植物分类学上，国际学界普遍认为，有龙脑香科植物的雨林才是热带雨林。

而在20世纪五六十年代，我国并没有发现龙脑香科植物，因此，当时的苏联科学家认为，中国根本没有真正的热带雨林。

中国科学家很纳闷儿，我国从南到北跨越五个温度带和一个特殊的青藏高原区，难道就真的没有热带雨林吗？

经过多年的野外考察，我国科学家终于在西双版纳浓密的雨林中，发现了这种高高大大的“绿巨人”。

后来，经过科学研究证实，它不仅是龙脑香科植物，还是仅生长在我国的珍稀树种呢。之后，望天树被列为国家一级保护植物！

森林中有典型的“绿巨人”，草原上也有一种特别的“小精灵”。

从表面看，它一半是动物一半又是植物，你猜到是什么了吗？对，就是冬虫夏草。

冬虫夏草主要生活在青藏高原高寒生态系统这个小家庭中。

这里有一种蝙蝠蛾的幼虫，它喜欢扎到温暖的地下过冬，而有一种真菌恰好喜欢寄生在它胖乎乎的身体上。

在漫长的冬天里，真菌在幼虫的身体里安营扎寨，幼虫被彻底占领后，最终只留下一副硬硬的外壳。

体内的真菌又在死去的幼虫头部长出一个小柄，像倒立着的毛笔，这个小柄冒出泥土后，原来的幼虫就摇身一变，变成了一株成熟的冬虫夏草。

你看，光是这三兄弟的小家庭就各有神奇的特点，那我国的科学家们是怎么搞清楚整个大家庭的情况的呢？

要想摸清我国林草大家庭的家底，可是需要有坚忍的毅力的。

2004年，经过四代人的努力，历经45年之久，我国的植物户籍本——《中国植物志》终于完成了。这套书为我国31142种植物建立了最全的“户籍资料”，这也是世界上迄今最大最丰富的一部植物档案！

说起这部重量级的著作，不得不提到一位代表人物——王文采院士。

王院士大学期间就痴迷标本课，为了像他的老师林镕院士一样成为植物通，他常常在假期跑到郊外去采集植物标本，回来后，仔细观察、辨别它们的科属和特性。

有一年冬天，我国植物分类学的奠基人胡先骕先生找到王文采，说："听说你对植物分类学很有兴趣，帮我编一本《中国植物图鉴》怎么样？"

王文采先生特别高兴，一口答应下来。由此，他开始了植物分类学的研究生涯，并参与到《中国植物志》的编写工作中。

此后的60个春夏秋冬，王文采院士走遍祖国大江南北，哪怕是在最危险的境地、最困难的时候，他也从未放弃植物分类的研究工作。

终于，中国植物“户籍资料”档案建好了，但多年伏案研究植物标本、画图的王文采院士却生病了。

有一天，他对学生说：“我啊，眼睛近期不太管用了，这可有点糟糕了。”学生赶紧带他去医院检查。

那天，王院士的学生才得知，这次要看的是左眼，而老师的右眼10年前就已经失明了。

这10年间，王文采院士在实验室里看显微镜做研究，出版了多本著作、完成了几十篇论文……所有人都不知道，这是王文采院士用一只眼睛完成的。

从医院回家的路上，王院士还在念叨着：“趁着还能借助放大镜工作，我得赶紧把中国翠雀植物的文稿写完，后面的事情，就得麻烦你们了。”

这个“你们”可不仅仅是他的学生呀，还有我们呢！同学们，在地球上，其实我们也是林草大家庭的一部分，你愿意为这个大家庭贡献一份自己的力量吗？

林草界的
“小矮人”是谁？

陆地上最古老的生物是什么？

没想到吧，这个毫不起眼、被大家称作林草界的“小矮人”的地衣，竟然是陆地上最古老的生物之一，它的祖先可能6亿年前就生活在海洋中了。

我们知道，生命最初源于海洋，从海洋登上陆地，这是生命的一个里程碑，而地衣可能就是“登陆部队”中的“排头兵”“先锋队”。

数亿年前，在大海的涨潮退潮间，很多藻类被留在了沙滩上。但习惯了海洋生活的藻类一时无法在陆地上独立生活呀。这时，藻类的“合伙人”——真菌出现了。

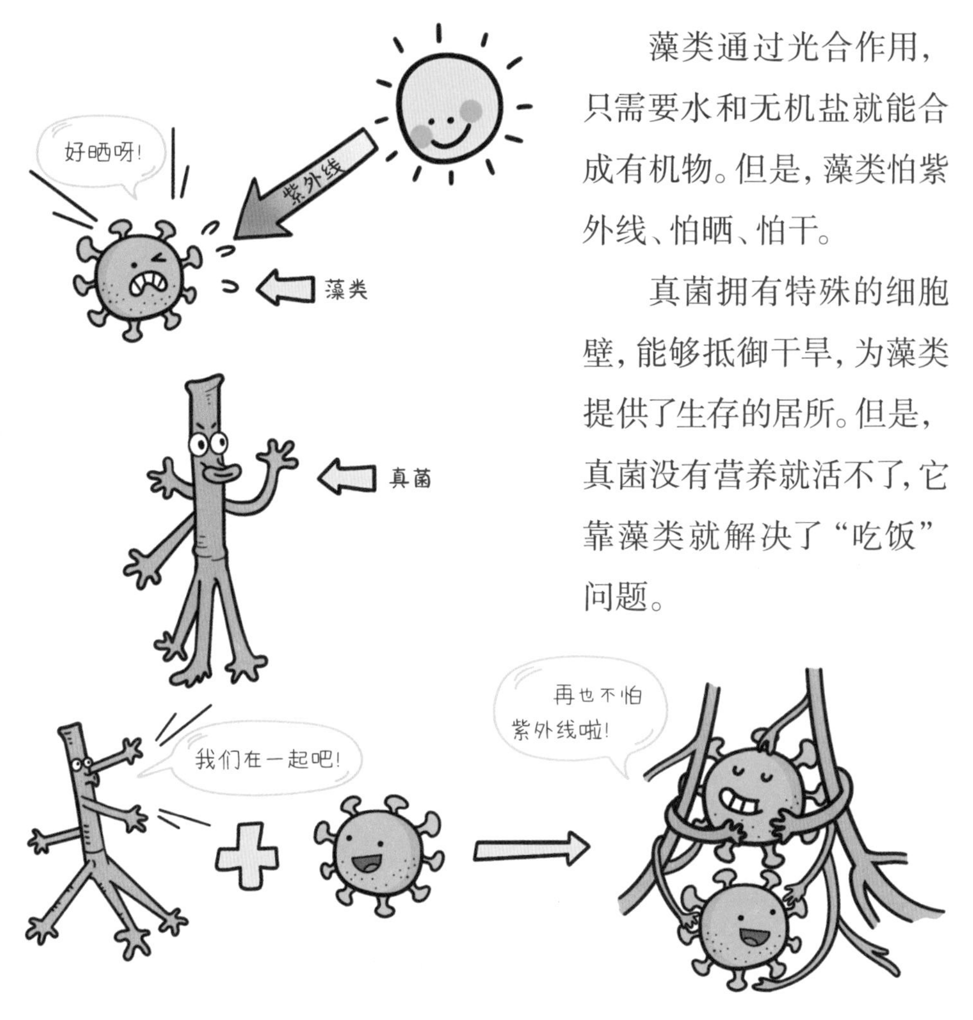

藻类通过光合作用，只需要水和无机盐就能合成有机物。但是，藻类怕紫外线、怕晒、怕干。

真菌拥有特殊的细胞壁，能够抵御干旱，为藻类提供了生存的居所。但是，真菌没有营养就活不了，它靠藻类就解决了“吃饭”问题。

藻类和真菌抱团取暖，建立起了互惠共生的关系。

就这样，两类原本独立进化的生物，通过共生的方式生存了下来，也就是我们看到的地衣。

地衣不仅生存下来，而且在地球上有着像“小强”蟑螂一样的生命力。

从极地到热带，从森林到沙漠，从苔原到草原，甚至在人工建造的雕像和建筑物上，以及死去动物的牙齿表面，在每一个你能想到的栖息地里都能发现地衣的身影。

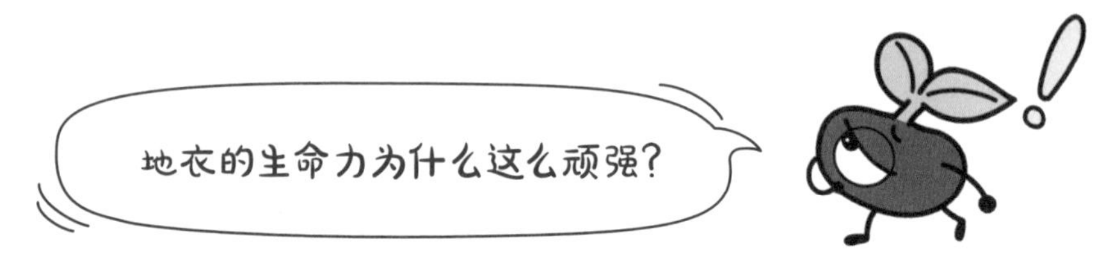

因为地衣有一个特殊功能，它们可以通过休眠忍受极端的环境，有些地衣甚至可以休眠几十年，等到条件有利时迅速苏醒。

从这点看，地衣比“小强”蟑螂厉害得多呢，它曾跟随宇航员进入太空，经过500多天的真空、失重、温度及辐射的剧烈变化，地衣不仅存活下来了，而且还能继续进行光合作用。

所以，如果有一天，我们去火星定居时，在火星上发现地衣，你可不要太惊讶哟！

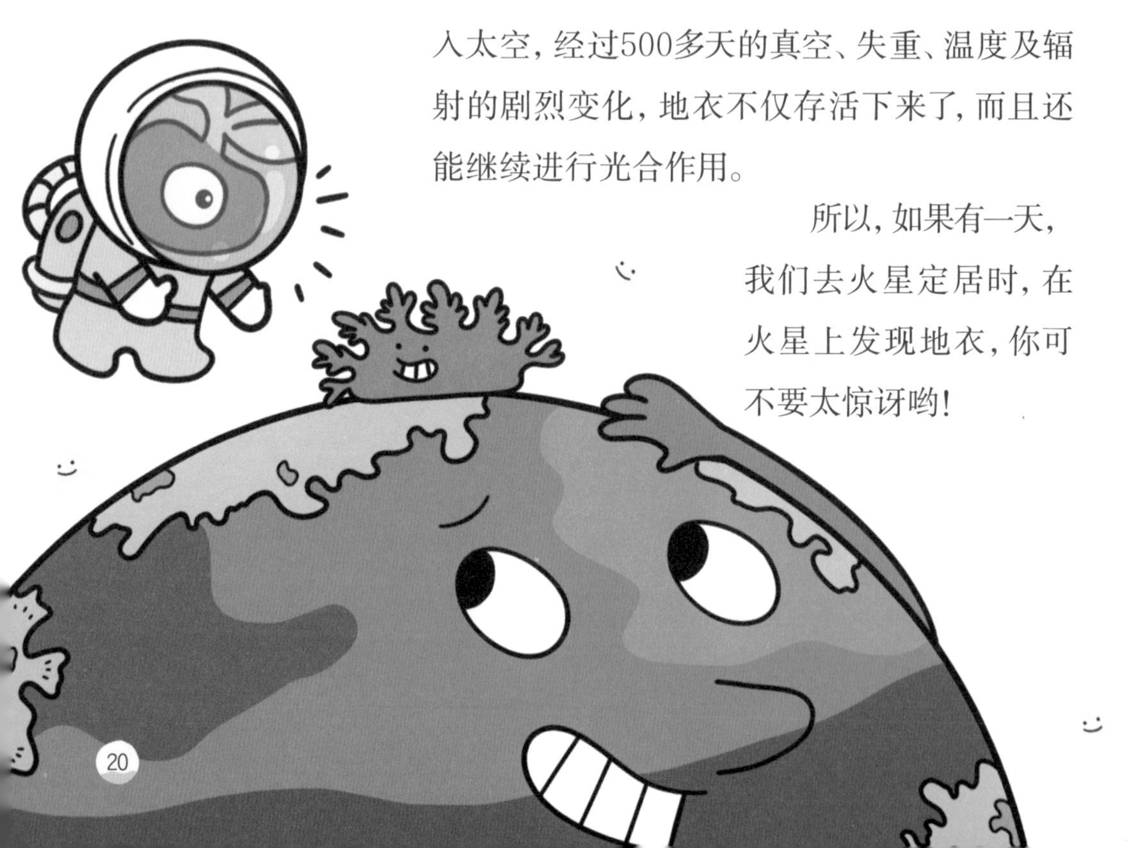

但生命力如此顽强的地衣与“小强”蟑螂极为不同的一点是，它“惧怕”污染。

与从土壤和雨水中获取营养的树木和花朵不同，地衣可以直接从空气中获取生存所需的食物。

地衣对空气的清洁程度非常敏感。所以，通过地衣就可以知道这个地区的空气是否干净。

小贴士

除了监测环境，地衣还给许多动物提供了食物。

生活在湖北神农架和云南高黎贡山的金丝猴，会吃一种松萝，这种松萝就是地衣的一种；生活在内蒙古额尔古纳河边的驯鹿，会吃一种叫作驯鹿苔的食物，这也是地衣的一种……

我国蕴藏着丰富的地衣资源。这些地衣是怎么被发现、被整理记录下来的呢？

这就不得不提我国地衣学的开创者和奠基人魏江春院士啦！

魏江春院士初中毕业时，他爸爸曾劝他放弃学业，回家继承家业。但魏江春院士心里却有一个信念：我一定要读书。后来他爸爸尊重了他的决定，让他继续学业。

但那时的魏院士还不知道，他这么倔强地想读书是为了什么。

后来有机会，魏院士被派往苏联专门学习地衣学。在这个时候，他就给自己立下了一个目标：不仅要填补国内地衣学的空白，还要让中国的地衣学领先世界。

为了这个方向和目标，他不仅读万卷书，还要行万里路。

回国后，魏院士进行了广泛的地衣考察研究，足迹遍及祖国的山岭高原、森林荒漠。

在青藏高原考察时，魏院士和同事睡在海拔将近5000米的高山上。睡觉时闭着的嘴巴，到第二天早上，竟然冻住了，张不开了。

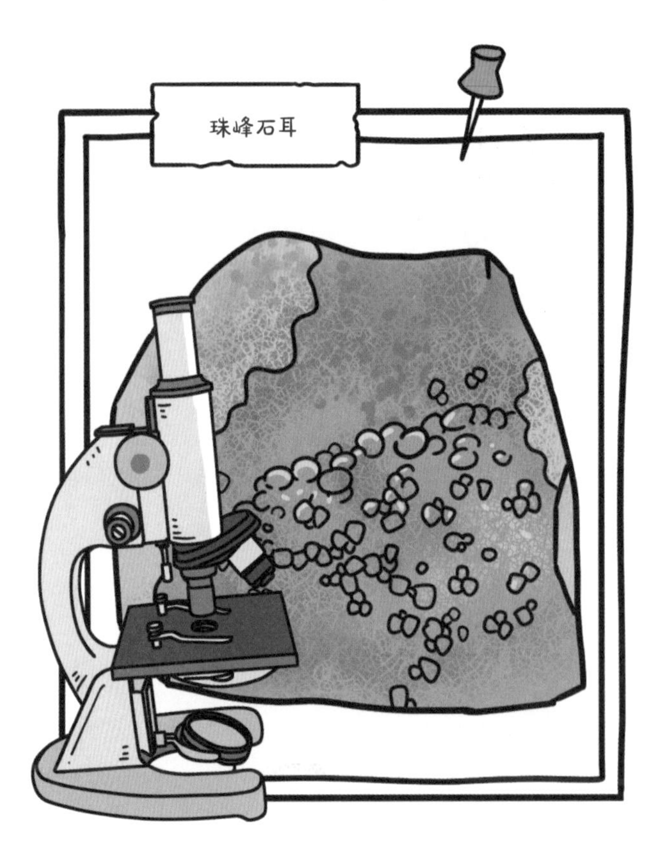

他使劲儿一张，嘴唇上的一层皮竟然被揭了下来，血立刻流出来了。他自己开玩笑说，跟涂了一层口红似的。

但这一趟，他们的辛苦没有白费，他采集到了世界范围之内从来没有发现的珍贵地衣物种——珠峰石耳。

就是这样一次一次冒险的野外考察和采集，魏院士建立了我国

第一个地衣标本室，保藏了国内外20余万号地衣标本，成为亚洲最大的地衣标本室。

现在，90多岁的魏院士还在继续工作，他正在组织和参与编写28卷册的《中国地衣志》，这在世界上也是领先的。他实现了自己的诺言，不仅填补了地衣学的学科空白，而且让中国的地衣研究达到世界领先。

小贴士

我国的地衣有3000多种。

我们可以根据地衣的形态，把地衣分成壳状地衣、叶状地衣和枝状地衣。有的壳状地衣的形状就像贝壳一样，附着在岩石上，贴合得非常紧密，很难把它们剥离下来；叶状地衣一片一片的，有点像木耳；枝状地衣则像树枝一样挂在树上，松萝就是这类地衣的代表。

魏院士想，地衣除了做成标本，供研究和参考外，还能发挥怎样的作用呢？

是否可以用地衣给沙漠铺一层地毯？

假如，在内蒙古的腾格里沙漠3万多平方公里的土地上，让地衣深入其中，在那里织网固沙、固碳，那样会有效减缓沙尘暴肆虐、减弱全球变暖的趋势，极大地改善生态环境。

虽然这只是科学家带给我们的无穷想象，还没有实现，但是魏院士通过比较分析，已经在一种叫石果衣的地衣中发现了大量抗旱、抗逆的基因了。

古老的生命，只要给它时间，它就能创造精彩。未来，当你走到沙漠时，说不定真的会看到魏院士畅想的愿景。

绿色的叶子是
绿色光照出来的吗？

在自然界中，从茂密森林中的大树，到墙角不起眼的小草，大部分的植物叶片看上去都是绿色的。

那么，绿色的叶子是用绿色的光照出来的吗？

当然不是！

那为什么我们看到的叶子是绿色的呢？

我们知道，太阳光其实包含红外线、可见光和紫外线等不同波段的光能。可见光又可以被分解成七种颜色，就是我们熟悉的彩虹的颜色——红橙黄绿青蓝紫。

在植物叶片里有一个“小调皮”，这个“小调皮”和人类的眼睛一样，可以捕获可见光波段的太阳光。

但在捕捉太阳光能的过程中，“小调皮”很喜欢其中的红光和蓝光，最不喜欢绿光，它会把绿色光反射出去，正好被人类的眼睛捕捉到了，所以，我们看到的植物的叶子就呈现了绿色。

这个“小调皮”到底是谁呢？它就是叶绿素。

它在哪里工作呢？“植物工厂”！

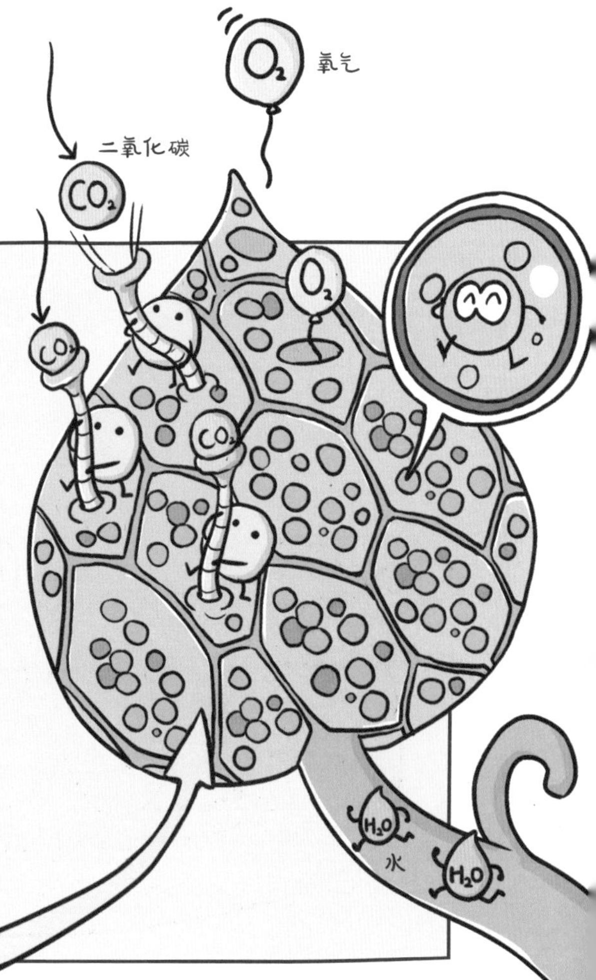

植物的叶片就像是一个食品加工厂，在这个工厂里，有一个个的能量车间——叶绿体。这个叶绿体不用电，不用煤，只用叶绿素捕获的清洁“太阳能”，再加一点水和二氧化碳，就能生产出植物所需的营养成分。

小小叶绿体创造了地球之最——地球上最大规模利用太阳能把二氧化碳和水合成有机物并放出氧气的过程，它每年转化的能量几乎是地球人类能源消耗的十倍。

科学家把这个过程称为“光合作用”。

光合作用不仅养活了植物自己，而且由它产生的氧气供人类和其他生物呼吸，产生的能量通过食物链可以作为食物，养活地球上绝大多数的生物！

并且，亿万年累积的植物深深埋藏在地层下，还变成了煤炭、石油和天然气等人类可以利用的能源呢。

可以说，没有光合作用，就没有生命的发展，没有人类的持续发展。

我们知道了光合作用的“能量车间”在植物叶片的叶绿体中，而叶绿体中的叶绿素负责捕捉太阳光。

之后呢？叶绿素吸收了太阳光，具体在叶绿体中怎么发挥作用呢？

其实，这也一直困扰着科学家们，他们也想要探索植物为什么会这么高效地吸能、传能和转能，这背后的原理是什么？人类能不能学习它来减少对能源的消耗呢？

这可是大自然严守了几十亿年的秘密，揭开了它，人类或许能打破能源的束缚。

正是由于光合作用研究在理论和实践上的重要性，许多国家都非常重视对它的研究。

在20世纪20年代，我国的植物生态学家李继侗先生最先开始了光合作用研究，他和殷宏章先生就通过实验发现了光照改变对光

合作用速率有瞬间影响的秘密。

可叶绿素分子到底是什么样子，如何在微观世界中发挥作用呢?

这就要说到叶绿体中的光合膜蛋白啦!

叶绿素并不是自由自在、无拘无束地游离在叶绿体中的。所有的叶绿素要有序地、精巧地、定向地排列在叶绿体的光合膜蛋白中才能发挥其捕光和转化光能的作用。

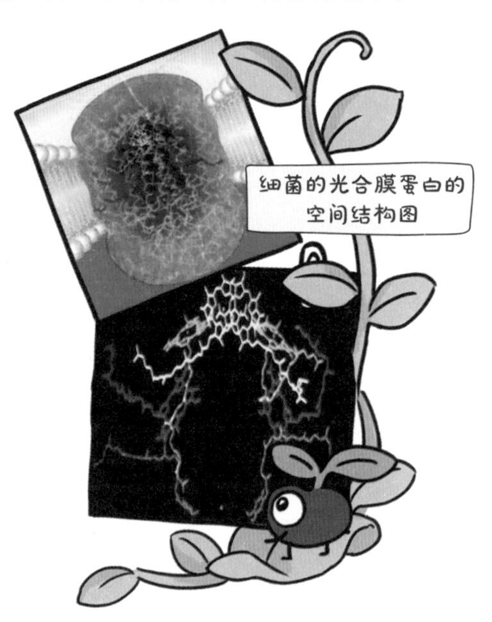

那你一定想知道叶绿素在光合膜蛋白中是如何排列的吧!

这就需要想办法解析植物光合膜蛋白的三维结构。虽然结合叶绿素的光合膜蛋白是绿色植物中含量最丰富的蛋白质，但它们被镶嵌在叶绿体的光合膜中，跟水互相排斥，根本就难以分离出来，更别说了解它的微观结构了。

曾获诺贝尔奖的德国科学家也仅仅研究了原始细菌的光合膜蛋白，植物光合膜蛋白更加复杂，研究起来非常艰难，因此植物叶绿素捕获和利用光能的机理一直没有得到完美揭示。

中科院植物研究所的汤佩松院士和匡廷云院士团队在60年前便开始研究植物光合膜蛋白啦!

当时国际竞争非常激烈，但他们认为在国内技术条件落后的情况下只有展开交叉合作，才能参与这一前沿领域的国际竞争。

那如何交叉合作呢?

汤佩松和匡廷云邀请了中科院生物物理研究所的梁栋材院士和常文瑞院士一起讨论,他们下定决心,两个所就决定合作开展植物光合膜蛋白结构与功能这一前沿领域的研究。就这样,一个集合了物理、化学、生理学和植物学交叉研究的“世纪之约”攻坚小组诞生了。

为什么是“世纪之约”呢?

因为这个约定从20世纪80年代起,经历了10多年的耕耘,跨越了世纪。

经过中科院植物所和生物物理所两个团队的通力合作,终于在2004年3月18日,国际科学权威杂志《自然》的封面刊登了一幅光合膜蛋白晶体结构图。这是菠菜的主要捕光蛋白的晶体结构,它清晰地展示了叶绿素在植物光合膜蛋白中有序分布、互不交错的细节。

又过了11年,植物研究所团队于2015年5月29日在《科学》杂志的封面上公布了一个可结合上百个叶绿素的“超级捕光与转能光合膜蛋白系统”的空间结构。可以看到在它内部,每个叶绿素分子可以像扇子一样舒展,它们一起扩大了叶绿体的捕光面积,从而帮助植物有效地捕获红光和蓝光,并高效地转化光能。

这两项成果都来自中国，来自中国科学家，被评价为“国际光合作用研究领域的重大突破”。国外的竞争者知道消息后很惊讶，一个著名实验室正在进行的相同工作马上都停止了。

科学前沿的竞争就是这样的激烈甚至残酷，只有第一，没有第二，谁率先突破，谁就是第一。然而科学探索未知的魅力也正源于此。

既然我们了解了植物叶片中的叶绿素喜欢红光和蓝光，那我们多给它们一些红蓝光，植物是不是就可以长得更好了呢?

这个想法看起来异想天开，其实中科院植物研究所的科研团队已经将其运用到实践中了。他们与高科技企业共同开发了现实中的“植物工厂”。

小贴士

这两项研究成果的意义是什么呢？

让我们对光合作用的认识又向前迈进了一大步。从此，叶绿素有序结合在叶绿体光合膜蛋白中的奥秘得到揭示，植物叶绿素的原子排布细节也清晰地展示在我们面前。而且让我们知道了，除了叶绿素，在光合膜蛋白组成的“植物工厂”中，还有一类辅助捕光的色素——类胡萝卜素。它与叶绿素共同帮助植物捕光。

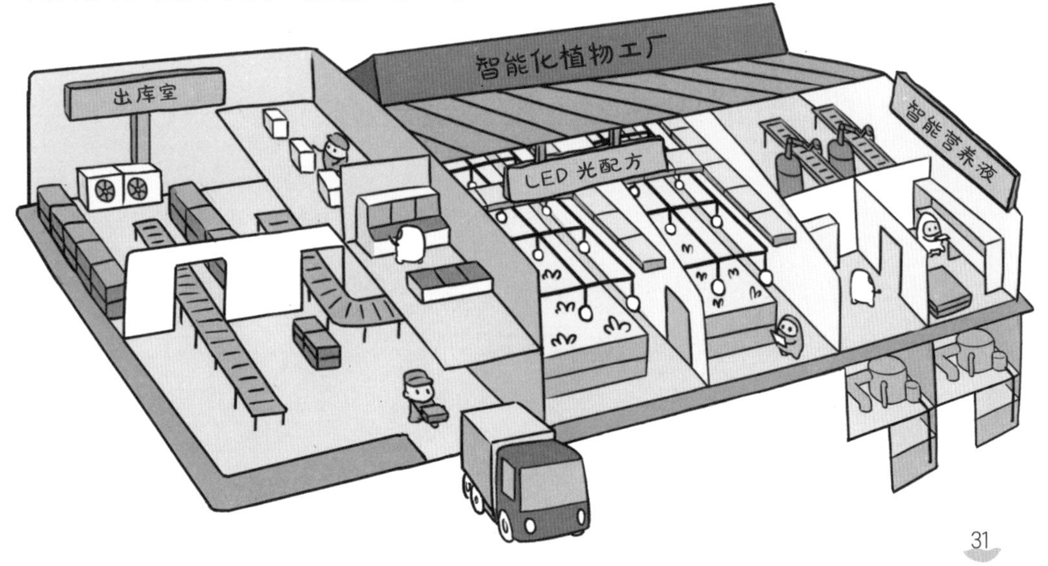

在福建安溪，他们建成了全球最大面积的智能化植物工厂。这里没有土壤、没有阳光，不同的植物依靠半导体LED灯配置的光配方进行光合作用；依靠人工智能营养液实现养分平衡。神奇的是，植物长势喜人。

如果你想种植一株番茄，从发芽到开花、结果的每个时期都有定制好的红、黄、蓝光配方和营养配方，从播种到收获甚至一键控制就可以实现。通过这样精准的控制可以让番茄更好地生长，而且，品质和质量也会很高。

脑洞大开的你一定会问，既然叶绿素这么神奇，我们也看到了它们的结构，那我们是否也有希望像植物一样晒晒太阳就不饿了呢？

现在人们设计的一些概念式衣服就可以利用光合微藻产生的有机物为人体供应能量。也许未来，人类真的可以像植物一样只晒晒太阳就可以实现“光合自养”呢。

植物有
“眼睛”吗?

旭日东升朝气蓬勃，落日余晖温柔惬意，雨后彩虹光艳夺目，萤火虫的微光银白灵动……为什么我们能感受到这些美好的景象呢？

因为我们有一双明亮的眼睛！我们的眼睛里有感光细胞，它们帮助我们辨认颜色。

先来说说向日葵。它圆圆的“脸庞”总是向着太阳转，这也是它名字的由来。向日葵的向光转动就是植物“看见”阳光的典型例子。想知道其中的奥秘吗？

科学家们发现，向日葵的体内有一种叫作向光素的光受体。

向光素感知到光后，就告诉花茎里的一种激素（生长素），这种能促进植物生长的激素就像跟

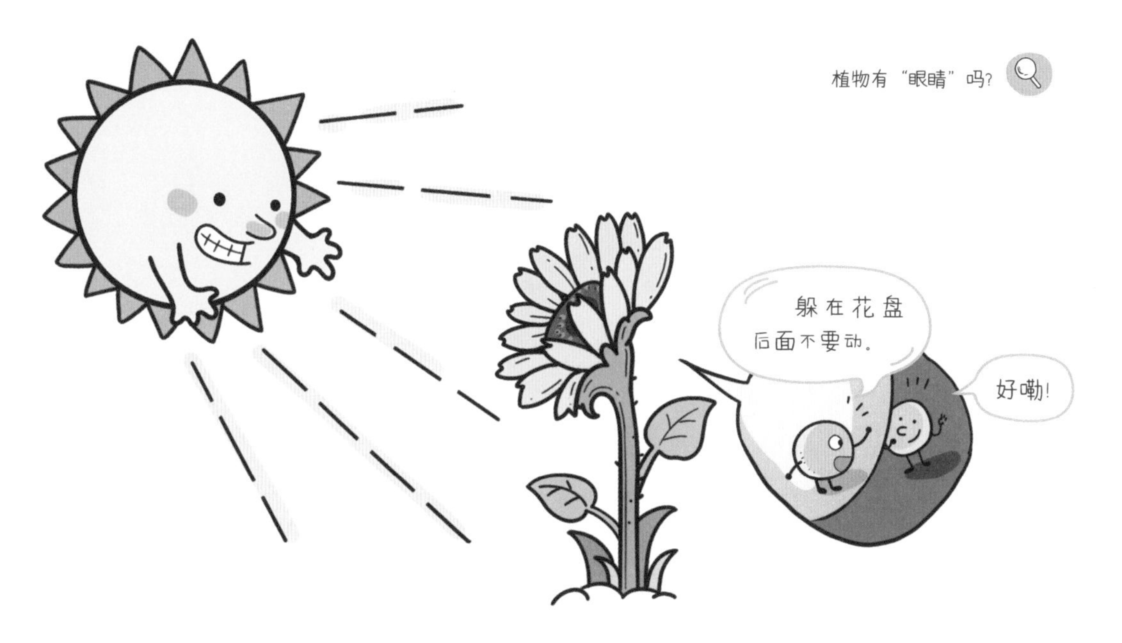

太阳捉迷藏似的，喜欢躲在背光的一侧，于是背光面就比向光面长得快，花盘自然而然地就朝着有太阳的方向转啦。

那其他植物不会跟着太阳转，是不是就没有向光素这类“眼睛”了?

当然不是。其实，植物一生下来就具有寻找光明的本领。

我们来做一个实验:

当把小苗种在黑暗的箱子里，在箱子侧面开一个小孔。过一段时间，你会惊奇地发现，小苗会朝小孔方向生长。

其实，这就是小苗身体里的向光素在起作用，指引小苗去寻找阳光。

实际上，植物的“眼睛”比我们人类的还要多。这些“眼睛”不但可以帮助植物辨别光的波长、强度、周期和方向等信息，甚至能识别我们人眼不容易看见的光。

那么，植物通过“眼睛”，接收到这么多信息后，怎么做出反应呢？

在植物体内会有成百上千的基因，对植物感受光后传达给体内的信息进行分析、处理。

其中有一个植物学家们公认的“明星基因”*COP1*，就好像班主任一样，负责接收并处理上述所有光受体的信息。

而*COP1*的发现要归功于我国一位著名的科学家——北京大学邓兴旺院士。

邓兴旺院士出生的地方，在湖南省西部的一座大山深处。小时候，他经常要穿山越岭走好几个小时的山路上学。16岁时，这个小小少年考上了北京大学生物系。

几年后，邓兴旺远赴大洋彼岸求学深造。异国求学，长路漫漫，他拿出了百倍千倍的拼劲儿。

对于生物学家而言，有一种叫作拟南芥的植物是非常好的实验材料，邓兴旺的不少实验，就用到了这种植物。

当时，很多科研人员进行的都是光照下实验，他却想：为何不反其道而行之，尝试一下黑暗中的实验呢？

于是他把成千上万株拟南芥小苗放在黑暗里培养、观察，这些小苗都是某一基因发生了突变的个体，所以科学家们称它们为“突变体”。

经过长达半年的实验，他发现有一株小苗比较特别，比其他小苗矮一些，壮一些。当处在黑暗中时，正常植物是知道没有光的，而这株突变体小苗会以为有光存在，仍然生长出和光照下一样的形态。

太神奇了，会不会仅仅是偶然情况呢？

他又通过实验反复验证，最终确认这个结果，并给这株小苗上发生突变的基因定名为*COP1*。

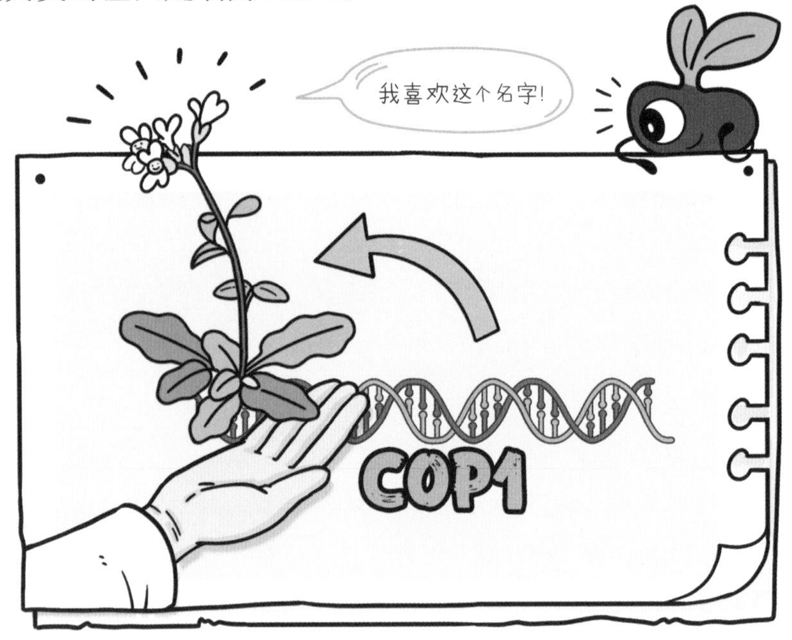

就这样，勤奋又爱琢磨的他，一步一步成长为世界植物研究领域的领军人物。后来，他选择了回国，回来创建了北京大学现代农学院。

对于他的决定，很多人都想不通。当时，他说了这样一句话："我是农民出身，想为中国的农民和农村做点实事，如果自己不能将所学用于祖国，那又有什么意义？"

小贴士

有趣的是，植物*COP1*被发现后数年，对哺乳动物*COP1*的研究也成了人们关注的热点。科学家们发现，哺乳动物的*COP1*广泛参与到癌症发生、糖脂代谢和发育的方方面面，真的是不折不扣的"明星基因"。生物进化是多么神奇啊！

今天的大量研究发现,*COP1*在植物体内担当了非常重要的角色,可以说,*COP1*的发现对于植物学研究而言,具有里程碑意义。

那么,研究植物的这些“眼睛”有什么用处呢?

其实用途可大了,其中之一便是助力现代植物工厂。

都说“万物生长靠太阳”,离开了阳光,离开了土壤,在屋子里种庄稼,工业化、流水线生产蔬菜,这现实吗?

我们知道,科学家让这一切变成了现实!

在没有阳光的植物工厂内,科学家们为它们量身定做光谱配方,使植物生长得又快又好,为我们提供充足丰富健康的食物来源。

植物工厂供应新鲜蔬菜的能力可达到传统种植能力的近百倍，占地却非常少，这样，就可以有效地缓解农业耕地减少带来的压力，可以把曾被占用的资源还给大自然，还给我们的地球家园。

目前，我国已是植物工厂产业化发展最快的国家之一，相信不久的将来，在荒漠、戈壁甚至太空等地方，植物工厂将大有可为呢。

小小的植物“眼睛”背后有着许多的奥秘，科学家们只是破解了其中很小的一部分，更多的，期待着未来的你！加油吧，少年！

植物的“嘴”
在哪里？
Z Z

古人说："民以食为天。"提到吃，你会想到什么？嘴，对不对？但大千世界，物种繁多，是不是所有生物都有一张"嘴"呢？

路边的花花草草每天都在长大，但没看到它们的"嘴"呀！植物是不是没有"嘴"呢？

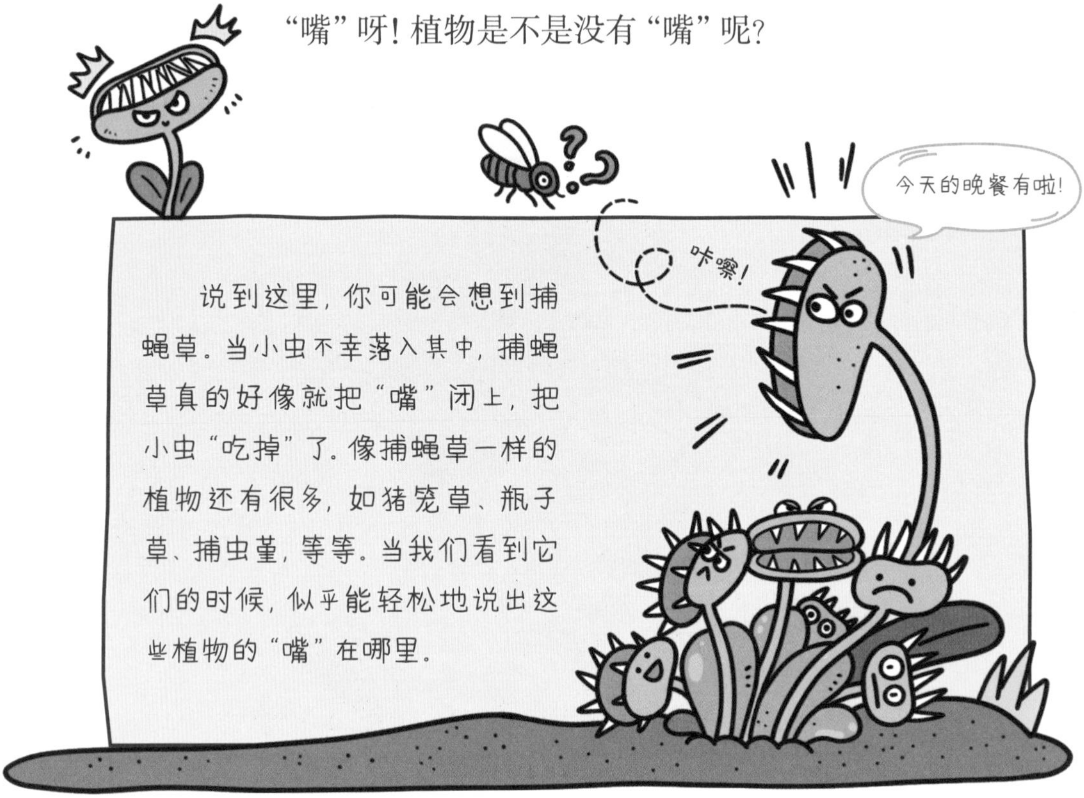
今天的晚餐有啦!
咔嚓!
说到这里，你可能会想到捕蝇草。当小虫不幸落入其中，捕蝇草真的好像就把"嘴"闭上，把小虫"吃掉"了。像捕蝇草一样的植物还有很多，如猪笼草、瓶子草、捕虫堇，等等。当我们看到它们的时候，似乎能轻松地说出这些植物的"嘴"在哪里。

但是，归根结底，植物与动物还是有很大不同的，并不是所有的植物都像捕蝇草一样长了一张明显的"嘴"。我们大胆猜测一下，植物的"嘴"到底在哪里？

其实，要想找到植物的"嘴"，我们只要想想嘴最重要的功能是什么？对，那就是吃。因此，找到植物通过什么部位来"吃饭喝水"，也就找到了植物的"嘴"。

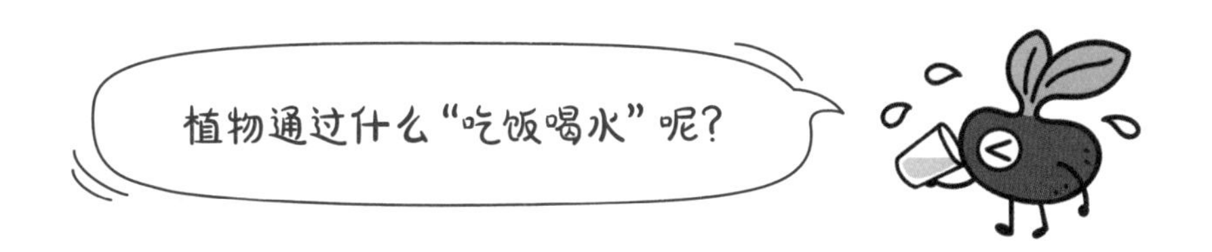

科学家告诉我们，植物的“嘴”不止一个：它不仅有暴露在空气中的叶片，还有深藏不露、隐藏在地下的庞大根系。

简单来说，植物不仅通过叶片进行光合作用，还通过根系吸收水分以及矿物质元素来补充营养，长高长大。因此，可以说，叶片与根就是植物的“嘴”。

植物如何通过叶片与根这两张“嘴”来“吃饭喝水”呢？

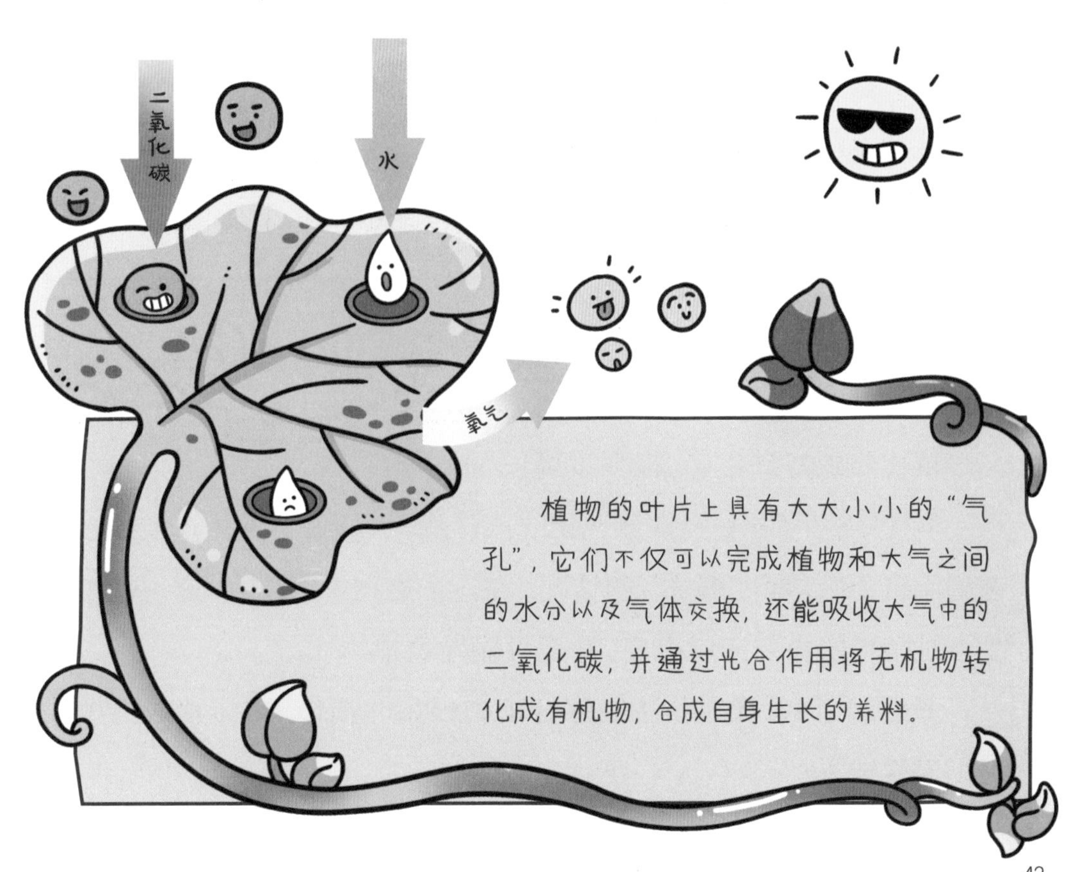

植物要想好好生存，根很重要!

但在日常生活中，经常会遇到幼苗移栽、扦插等各种生产实践，遇到不得不给植物“搬家”的情况。在这个过程中，如果稍有不慎可能会对植物的根部造成损伤，甚至可能导致植物死亡。

那么，我们有什么办法能弥补植物根系的损伤，或让移栽的植物迅速生根呢?

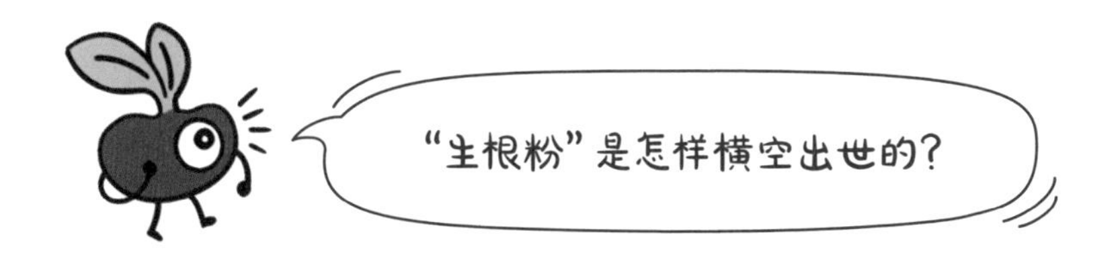

面对这个难题，中国林业科学研究院王涛院士带领团队，经历无数次试验，终于成功地自主研发了我们自己的“生根粉”。

王涛院士从小学习成绩就很优秀。小时候，她看过的两部电影，给她留下了深刻的印象。一部是苏联电影，讲述米丘林改造沙漠的故事；另一部是《森林的奥秘》，讲述荒山变成原始森林的故事，那么美的景色，在王涛院士心里埋下了种子，吸引着她去探索森林。

高考时，国家倡导学林、学农、学地质，王涛院士对林业很感兴趣，她在高考志愿栏里填上了“中国林业大学”几个大字。

同学们都很奇怪，王涛为什么绕过清华、北大的门不进，偏去学林业呢？王涛却表示：祖国的需要就是我的志愿。

1980年，我们国家刚刚迎来科研的春天，王涛接手了一个别人看不上眼的小课题——植物无性繁殖。她只得到了1000元的科研经费，她有些茫然，要做些什么好呢？那时，国内广泛使用的生根剂是20世纪四五十年代国外研究的产品，王涛决心自主研发一种能促进植物生根的试剂。

在借来的温室里，王涛用她从医院捡来的瓶瓶罐罐和报废的仪器设备，开始了夜以继日的科学试验。她的实验室没有通风设备，在提取植物激素时被试剂熏得鼻涕眼泪流不停，头昏又眼花……

小贴士

什么是ABT呢？

ABT突破了国外单纯从外界提供植物生长发育所需激素的传统方式，转而从内部诱导植物生根，实现了从内到外双重保障。

经过无数次的反复比较，数百次的研究分析，1981年底，她成功研制了世界上第一个复合型生根促进剂——生根粉的第一代产品“ABT”。

不过，王涛院士深知科研成果研制成功，只是科研工作的第一步，还有更重要并且难度更大的一步：将成果应用到生产生活中。

幸运的是，机遇很快就出现了：1982年，北京市园林部门得知ABT诞生后，立即上门求助王涛院士，希望能用ABT挽救10万多株濒临死亡的扦插桧柏苗。

王涛院士欣然答应，她带领团队将ABT应用到每一株桧柏苗上。就这样坚持了几个月，神奇的事情发生了：10万多株桧柏苗居然真的起死回生了！

随后，ABT的求购信件像雪花似的飞来，各种难题也摆到了王涛的面前：松树能不能生根，果树能不能生根，百年大树的枝条能不能生根，甚至干枯了根的小苗也要让她去帮助救活……

农民对科技的渴望让王涛院士很吃惊也很感动，她觉得这才是自己研究的意义……

理想照进现实。你是否也愿意像王涛院士一样，为了自己的梦想，有敢闯"无人区"的勇气，敢破"天花板"的胆量，勇当"探路者"的豪气呢？

植物是怎么
吃饭的？

我们已经知道，植物有两张“嘴”，一张是叶片，另一张是根。

说到这儿，你可能会问：“世界上那么多种植物，它们吃东西的方式都是一样的吗？”

当然不是！植物吃东西的方式可是多种多样的呢。

有些植物就会像“寄生虫”一样，缠绕在别的植物身上，不断地从其他植物身上吸取营养。它们被称为“寄生植物”。

小贴士

“寄生植物”有时还会伤害到它赖以生存的“朋友”，有些倒霉的植物“朋友”甚至因此丧命。

这样的“寄生虫”还真不少呢！每十种植物当中，就有一种是“寄生植物”，比如，菟丝子、列当、肉苁蓉等。

如果你留心观察，就会发现，在许多豆科植物，如大豆和花生上，常常能看到菟丝子的身影。

有些植物喜欢从其他植物的“尸体”上获得养分。它们被称为“腐生植物”，比如，水晶兰、天麻、水玉簪属植物等。

还有些植物，它们的吃法非常特别。它们不喜欢“吃素”，它们爱“吃肉”，会“吃”昆虫，是十足的“肉食植物”，被称为“食虫植物”。

这样的“食虫植物”有1000余种，它们都有自己的“狩猎”神器。

有些植物把叶子变成了一个个大大的“袋子”或者“瓶子”，比如猪笼草、瓶子草；有些植物的叶子上长满了分泌汁液的纤毛，比如捕蝇草。

你可能会问，植物又没有腿，它们不能跑来跑去，怎么抓虫子吃呢？

尽管“食虫植物”就像“守株待兔”的猎人，只能等待倒霉的虫子上门，但是它们都有自己的小妙招。

猪笼草的小袋子上，也就是捕蝇囊上有甜甜的花蜜，贪吃的昆虫抵挡不住诱惑，会一步一步走近花蜜，当它们狼吞虎咽、吃得忘我时，脚下一滑，就掉进了捕蝇囊的陷阱里。囊内分泌的黏性汁液，将坠落的昆虫溺死，并将尸体分解吸收。

上面你看到的这些有趣的吃法，其实只是植物吃法的一小部分。

自然界中大多数植物都能自给自足，它们只要“站”在土壤中，喝点水，晒晒太阳，进行一下光合作用，就可以养活自己。就像爱种菜的爷爷奶奶喜欢自己种菜自己吃一样。这样的植物被称为“自养植物”。

但是，植物进行光合作用时，可不只是晒太阳哟，它们同时还需要吸收二氧化碳。在植物所有的食物中，它们最喜爱的就是二氧化碳。

你可能会好奇：二氧化碳无色无味，看不见摸不着，有什么好吃的？

还别说，它们就是爱“吃”二氧化碳。一公顷阔叶林一天可吸收约一吨的二氧化碳呢。绿色植物只有通过吸收光能，把二氧化碳和水合成富能有机物，才能吃得好，吃得饱。

听到这个消息，你一定在拍手称赞了吧？

因为二氧化碳这种温室气体，一旦在空气中大大增加，全球的气候就会变暖，冰川融化，海平面上升，甚至还会面临沿海都市沉落、物种灭绝……

植物“吃”了二氧化碳，释放出供人类呼吸的氧气，真是两全其美的事啊！

但糟糕的是，由于工业的发展，化石燃料的燃烧，人类产生的二氧化碳远远超过植物所需要的量。

所以，科学家们正想方设法扩大地球的绿化面积，让植物吃掉人类在生产生活中排放的大部分二氧化碳，让空气中的二氧化碳也大量减少，这就是碳中和的重要组成部分。

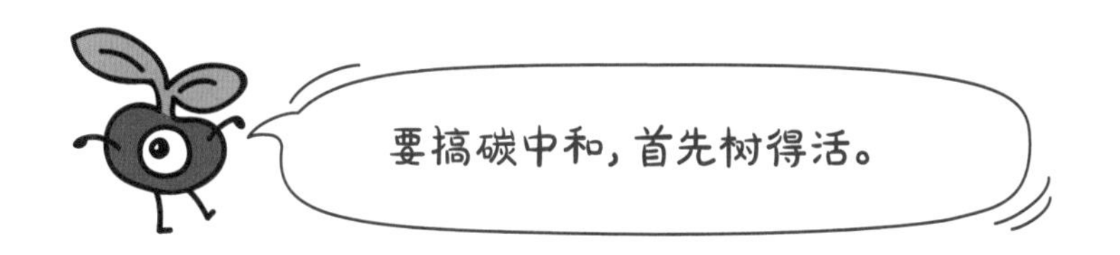

北京林业大学的尹伟伦院士深信，植物养不活就搞不好碳中和。

那么，有什么办法能让人们提前知道，所种的小树苗都能够成活，并且长命百岁呢?

如果能有一个“植物医生”，提前给小树苗进行“体检”，只种具有长寿基因且成活率高的小树苗就好了!

可是，没有这样的“植物医生”啊。

尹伟伦院士想：那就发明一个!

尹伟伦院士凭着扎实的林学知识，以及曾经在大兴安岭中油里滚、泥里爬地工作了10个年头，有过钳工、车工、电工、铸工等工作经验和技能，克服资金短缺等困难，自己绘图加工，成功研制出了植物活力测定仪。

这不仅是世界上第一个“植物医生”，还是一个超级厉害的“植物医生”。牡丹江林业管理局在造林前请尹伟伦院士的“植物医生”给小树苗们“体检”，使98%以上的小树苗都长成了参天大树。

“植物医生”活力测定仪获得了国家发明奖和专利。面对潜在的经济效益，尹院士却选择了公开专利，不收一分专利费。

他说：“多种树，不如种好树。林木是全人类共同的财富，我搞碳中和不是为了挣钱，而是希望我们的子子孙孙可以生活在一个更美好的地球上。”

现在和未来，你能为美好的地球做些什么呢？

树木有雌雄吗?

大千世界，人有男女之分，很多动物也有雌雄之别。

植物世界有男女之分吗？树木有雌雄吗？

我们以世界上最高等的植物——种子植物为例来回答这个问题。

那什么是种子植物呢？

你一定猜出来了，就是通过种子繁殖后代的植物。

你有没有仔细想过，在西瓜子长成小西瓜的过程中，关键的是哪几个步骤呢？

其中一个就是蜜蜂采蜜。

西瓜藤上有雌花和雄花，需要将雄花花粉散在雌花上，进行授粉。勤劳的小蜜蜂做的这个工作，正是帮助西瓜完成“传宗接代”，让小西瓜“呱呱坠地”的工作。

像西瓜这样的被子植物也叫有花植物，花就是它的繁殖器官之一。

有时候，同一株植物上会分别开雄花和雌花两种花，比如，玉米、黄瓜等。

有时候，雄花和雌花不是长在同一株植物上。只长雄花的就是雄株；只长雌花的是雌株，比如，毛白杨、猕猴桃等。

你可能已经知道，在动物世界里，蜗牛和蚯蚓都是雌雄同体的。

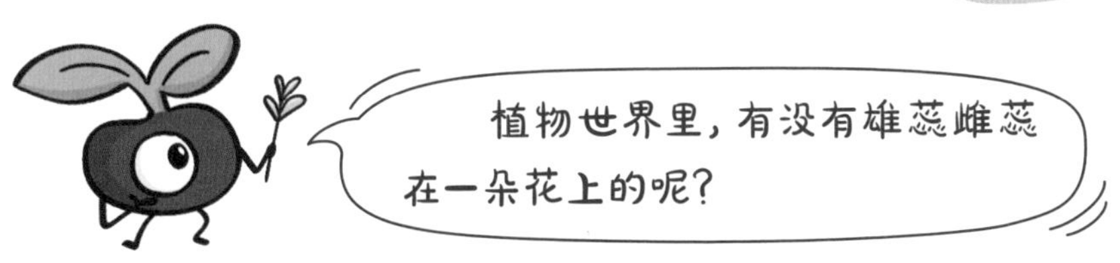

当然有。

我们常见的百合花、月季花等都是雌雄同体的两性花，也就是说，在同一株植物上，每一朵花既有雄蕊，也有雌蕊。

植物的性别听起来是不是很神奇、很多样呢?

你能猜出来下面这些常见的自然现象，到底是雄株还是雌株在惹是生非吗?

秋天一个周末的午后，你牵着爸爸妈妈的手，蹦蹦跳跳地走在小路上，你边跳边抬头欣赏着满树金黄色的银杏叶，嘴里还禁不住赞叹："爸爸妈妈，看这银杏叶多漂亮呀！太阳一照，闪着金光！"

"呀，怎么这么臭啊?"突然，一阵"恶臭"让你忍不住撒开爸爸妈妈的手，赶快捂住鼻子，低头一看，脚底踩破了地上的银杏"果"。

当你一脸蒙的时候，爸爸笑着说："你踩到银杏的孩子了，它在放出味道向你示威呢。"

你知道能长银杏"果"的银杏树是雄株还是雌株吗?

如果你仔细观察就会发现，不是所有的银杏树都能结"果"。

银杏树分为雌树和雄树两种，雄树也就是公银杏树只开"花"不结"果"，但可以给母银杏树授粉，而母银杏树可以结"果"。

所以，那一个个圆球是银杏雌株的种子。

当种子成熟时，外面那层黄色的外衣会散发出一种脂肪变质加水果腐烂般的“恶臭”。

实际上，这是银杏的防御高招儿！这种“恶臭”让它成功躲避了一些取食者，还吸引了某一类“臭味相投”的动物，为它传播种子，这也正是银杏聪明的生存之道。

“梨花淡白柳深青，柳絮飞时花满城。”

自古以来，杨树和柳树因为漫天的飞絮，而被大家熟知。

但你知道每年春天让你鼻子痒、打喷嚏、流眼泪的飞絮，是雌株制造的还是雄株制造的吗?

当人们怪罪所有的杨柳时，杨柳科植物的雄株就会很不服气地站出来，为自己申辩：我们可不是“飞絮制造者”。

的确，只有生产种子的雌性的杨树和柳树，也就是雌杨柳才会飘絮。这些杨柳絮其实就是杨柳树的种子和种子上面的丝状毛，就像蒲公英一样，杨柳絮随风飞散，也是利用风进行种子传播呢。

那怎样才能减少杨柳絮对我们生活的影响呢？

既然知道了“飞絮制造者”主要是杨柳树的雌株，那么我们在培育时，可以只培育它们的雄株吗？

北京林业大学的康向阳教授团队就让这样的设想变成了现实。

康向阳教授团队历时20多年，成功选育出杨树新品种“北林雄株1号”和“北林雄株2号”。

杨树是我国三大造林树种之一，这两个新品种的横空出世，有效缓解了部分地区的杨树飞絮问题。

揭秘了杨树飘絮的真相后，让我们把目光转向悬铃木。悬铃木高大、茂盛、浓荫，是许多城市行道树的首选。它也是通过毛絮将种子传播得更远，因为掉果和飞絮，也没少给人们惹麻烦。

这其实也是悬铃木的雌株闯的祸。

自1993年开始，华中农业大学包满珠教授团队潜心研究，历经近30年品种选育之路，终于育成7种晚花少果的悬铃木，个别品种甚至基本不结果了，真正解决了悬铃木炸果飞絮的难题。

包满珠教授为什么会选悬铃木为研究对象呢？这还要从包老师的学生时代讲起。

在园林植物育种学课堂上，当听老师提到“悬铃木是行道树的优良树种，但落果飞毛问题影响了大规模推广”时，包满珠教授陷入了深深的思考：如何才能让悬铃木“不掉毛”呢？

毕业之后，包满珠教授进入华中农业大学工作，每当酷暑来临，在被称为“火炉”的武汉校园内的悬铃木大道总是能让他找到丝丝凉意，好不惬意。

老师的启发和生活中的体验，让包老师走上了晚花少果悬铃木新品种的选育之路。

在苗圃基地里，包满珠培育了许多晚花少果的悬铃木品系。它们看似一样，却有着不同的缩写代码。有些叶色亮些，有些枝条舒展些，不需要看代码，包满珠对哪个品系在哪里、有什么特点如数家珍。

在疫情防控期间，为方便工作，包满珠一个人住在基地里。没有工人，没有科研团队成员，只有他自己。那段时间，包满珠每天的微信步数常常超过3万，以至于很多人质疑："包老师，大家都在家隔离，您跑哪儿玩去了？"

经过28年研究实践，选育之路硕果累累。如今，无果、少果的悬铃木不仅出现在了华中农大的校园里，还出现在了武汉的大街上。

飞毛的问题解决了，那会不会影响植物们繁殖后代呢？

未来，你能想办法，让植物们既能实现繁育后代的目标，又让人们的生活不受影响吗？

为什么会花粉过敏?

盼望着，盼望着，东风来了，春天的脚步近了……

和煦的春风唤醒了沉睡一冬的草木，也让人们踏青出游的心思蠢蠢欲动。然而对一些人来说，春天却是一个不那么让人愉快的季节……

因为春风吹来的不只有无边春景，还有“恼人”的花粉。

这些花粉会让人产生喉咙发痒、流鼻涕、打喷嚏等过敏症状。

当你观察一朵花的时候，你会看到美丽的花瓣。在花瓣中，你会发现雄蕊和雌蕊。在雄蕊的顶端，有一些细小的粉末状的东西，这就是花粉。

要知道，植物“传宗接代”的秘密，可都藏在这小小的花粉中呢。

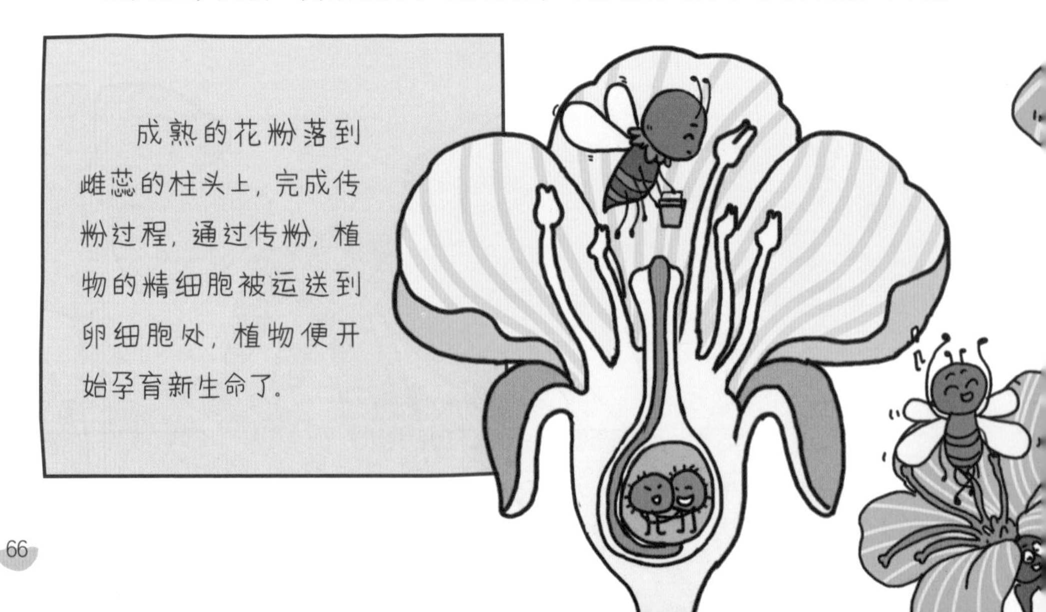

可以说，离开了传粉，即使开花，植物也不能结果，不能结果就不能产生种子，没有种子也就不会有后代，那这种植物将会面临消亡。

所以，在传粉这件事上，植物可是“费尽心机”！

昆虫和风是植物传粉最主要的两大功臣。

我们把借助昆虫来传送花粉的花，叫作虫媒花。

为了吸引昆虫，虫媒花把自己打扮得花枝招展、光彩夺目。鲜艳的颜色、芳香的气味、甜蜜的汁液都是它吸引昆虫的手段。

虫媒花的花粉通常体积很大，表面粗糙，非常利于昆虫携带。

蜜蜂通常是第一个造访者，它对颜色有着天生的热情，鲜艳的色彩会吸引它进入花的内部，甜甜的花蜜会让它沉醉其中。

在吸食花蜜时，蜜蜂会开心得“手舞足蹈”，它身后那长满绒毛的双脚，不断摩擦踩踏在花蕊上，花粉就轻松地沾在了它的身上。

蜜蜂采完一朵花的花粉，再飞到下一朵花去采集，这样，花粉也被带到了另外一朵花上，蜜蜂就完成了传粉。

除了昆虫，植物还会利用风来传粉，我们把这种花叫风媒花。

一般风媒花个头都很小，颜色也不艳丽，花粉的颗粒也很小，表面非常光滑，很轻很干燥，风一吹就把它们吹到很高很远的地方了。

当然，在这个过程中，不可避免地产生了恼人的花粉过敏。

那些本该“寻找”雌蕊的花粉，一不小心“走错了路”，进入了我们的呼吸道或眼睛里，我们的免疫系统就会对这些外来的家伙发动攻击，结果就引起了过敏反应。

所以，真正引起我们花粉过敏的大多是不那么起眼的风媒花的花粉。

而且，花粉过敏，不全都是“花的粉”，也可能是树或者草的粉。

小贴士

裸子植物没有真正的“花”，它们是通过什么来传粉呢？

小孢子。

小孢子叶球就类似于有花植物的雄蕊，形成大量的小孢子；大孢子叶球则类似于有花植物的雌蕊。

小孢子传播到大孢子叶球处，就完成了受精过程。这个过程大多是通过风媒传粉。

所以，花粉过敏严格来说，是“孢粉”惹的麻烦哟。

由于风力传粉的不确定性，风媒花往往产生大量的花粉来确保传粉的成功，这也就更容易导致人们过敏了。

你知道吗？每种植物都有自己的“花粉指纹”，没有两种花粉粒是完全一样的。

那怎样鉴定“花粉指纹”，帮它们找到自己的大家庭呢？这是我国孢粉学的奠基人王伏雄院士做了一辈子的事情。

王院士从20世纪五六十年代开始，就在显微镜下日复一日地观察花粉。

这可不是一件简单的事！

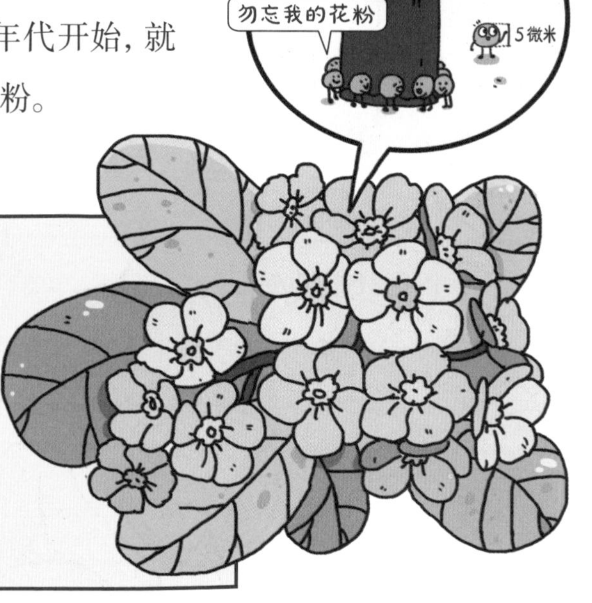

你知道花粉有多小吗？有的水生植物花粉的直径，大概只有1200～2900微米，也就是1.2～2.9毫米。最小的花粉之一，勿忘我的花粉直径只有5微米，相当于我们一根头发丝直径的十分之一。

而且不同的花粉，它们的形状、大小、外壁上的纹饰都会随植物种类的不同，呈现出多样性。

特别是植物花粉外壳上的花纹修饰，每种植物各有特点，如，木棉科花纹表面具有细网状纹饰，锦葵科花纹表面具有刺状凸起，这样你就可以通过花粉初步鉴定它们属于哪个科了。

王院士就是通过观察这样的花纹修饰、形态特点，破解了植物的“花粉指纹”，把植物划分为不同的科。

他观察了中国450种植物的花粉形态，对描述孢粉形态的专用术语做了订正，同时还详细介绍了研究孢粉的技术和方法。

由他主编的《中国植物花粉形态》一书，是我国第一部描述花粉的著作。如果有人问你，那时候中国谁认识的花粉最多，你可以回答是王伏雄院士。

那究竟王伏雄院士的研究对我们的生活有什么作用呢?

在小小的花粉粒中不但包藏着生命的遗传信息，而且也包含着孕育新生命的全部营养物质，这些营养物质能百分之百地为人体消化吸收。

所以，认识花粉，也就找到了一种新的生物资源，可以为人类的健康做出贡献啦!

神通广大的花粉不仅闯入了健康领域，还闯入了地质、矿业领域，成为找矿的“尖兵”。

未来，花粉会慢慢运用到恢复古植被的演化规律、重现古地理和古气候，以及预测未来环境上，我们可以足不出户，领略过去几千年的气候变化。

一些容易花粉过敏的伙伴，可以根据天气预报查看花粉过敏气象指数，远离恼人的花粉困扰啦！

植物是怎么
“生孩子”的?

你认为是植物生出了种子，还是种子孕育了植物呢？

这个问题可能不好回答，那我们换个角度，种子从哪儿来呢？

种子是植物的孩子，要想知道种子从哪儿来，就得看看植物是怎么生孩子的。

几乎所有的植物，都会选择生命力最旺盛的时候开花。因为生命的孕育要在花朵中进行，花的使命是形成果实和种子。

当植物开花后，就进入了有性生殖阶段。这个阶段需要经历开花、传粉、受精、果实和种子的形成这一系列的过程。

这个过程是如此的精妙而有序，使开花植物成为当今植物界种类最多、分布最广的类群。

植物开花后，花的中央分别长出雄蕊和雌蕊。雄蕊中携带的精细胞的花粉粒，必须传到雌蕊的柱头上，才能逐渐孕育出种子。

雄蕊

雌蕊

当蜜蜂等传粉者们携带着花粉到处飞翔时，另一朵花的雌蕊中，不及芝麻粒大小的柱头也伸了出来，它极力地张开着，期盼着花粉的到来。

落在柱头上的花粉有很多，但只有一个可以完全萌发，长出花粉管。

花粉管会像一列“火车”，搭载着两位“乘客”——精细胞，把它们送达它们的目的地——雌蕊的底部——子房的胚珠中。

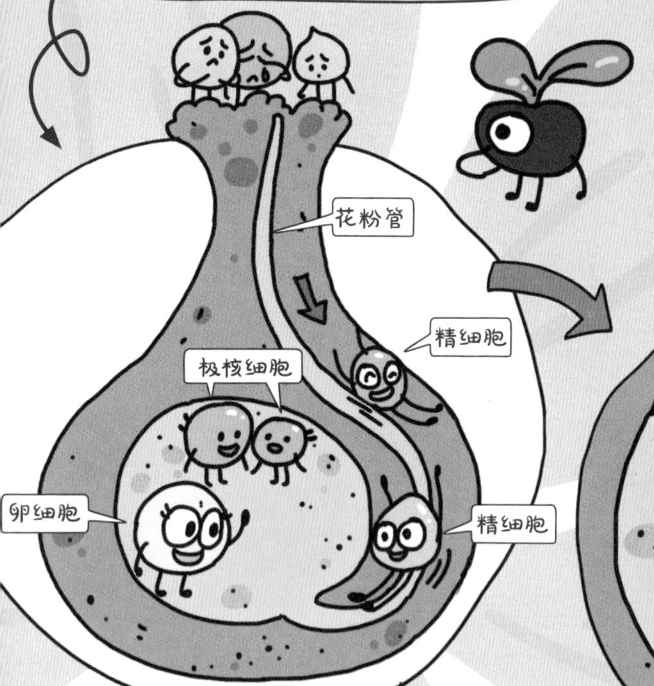

到达目的地后，花粉管会爆裂，两个精细胞被释放。一个精细胞会找到胚珠中的卵细胞，和它合二为一，发育成胚；另一个精细胞会找到极核细胞，发育成胚乳。

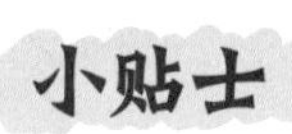

小贴士

致密的种皮，就像一个密闭舱，把幼小的植物裹得严严实实的。胚乳是种子营养的仓库，主要负责“喂养”幼小生命。而最重要的、决定植株成长的是胚。这颗具有了双亲特性的种子，会使新植物体有更强的活力和更大的适应性。

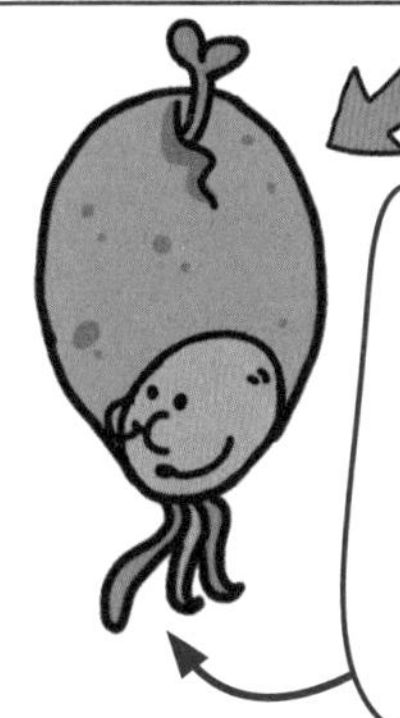

当花朵完成受精任务后，随即枯萎凋谢，子房慢慢变大，发育成果实，胚珠发育成种子。

我们平时吃的果实，像水果、坚果等，严格来说，可是“窃取”了植物种子的营养呢。

植物就是这样，把种子萌发需要的所有能量储存在了密闭舱中，种子只需走出家门，就能完成生命的轮回。

这时候，你可能会站出来质疑，不对呀，我见到的植物可不都是有性繁殖呀。

我们家中的多肉植物，它的叶片掉到土里，一段时间后，叶片基部就会长出小芽，接着长出根部，就成为一株幼苗。

学校里的吊兰，随便剪一根茎，直接栽入花盆或放在水里，也能长出新的植株。

还有，你怎么解释“无心插柳柳成荫”呢？

植物另一类繁殖方式是无性繁殖。凡是不经过精细胞和卵细胞结合而产生“孩子”的繁殖方式都可称为无性繁殖。这些“孩子”都是它们“妈妈”的克隆。

常见的植物无性繁殖方式是营养繁殖。

你记得一部电影里，一位独自生活在火星的航天员在火星上种土豆的故事吗?

他为什么单单选择了土豆呢?

因为土豆非常容易营养繁殖。土豆是植物的块茎，它的繁殖是通过块茎实现的。

只要把带有芽眼的土豆埋在土里，就可以坐等收获更多的“复制品”了。

竹笋是竹子的地下茎发芽长出的，一棵竹子的地下茎会长出很多竹笋呢。

还有一种叫落地生根的植物，它们叶片的边缘能长出很多小芽，每个小芽都能长成一个新的个体，一片叶子就能“生”出很多与自己一模一样的“孩子”。

植物生孩子的故事很新奇，具体的研究工作也很有趣，充满了科学家的奇思妙想。

武汉大学杨弘远院士和他的夫人周嫦教授在很早以前就开始专心研究植物的有性生殖过程了。

在研究过程中，他们萌发了让植物产生“试管婴儿”这样一个新颖而大胆的念头。

杨弘远院士和夫人周嫦教授反复试验，成功地从鸢尾、萱草、黑麦等植物的花中分离出了精细胞，从金鱼草和向日葵花中分离出了卵细胞。

这些分离技术在当时是非常先进的，受到了国际同行的高度认可。杨弘远院士曾自豪地说：“中国人的聪明才智一点不比外国人差！”

分离的过程需要敏锐的直觉和精细的捕捉，他如何练就了这样的本领呢？

虽然杨弘远院士小时候是个不折不扣的捣蛋鬼，掏过鸟窝、斗过蟋蟀，还被蜜蜂蜇过……但和所有的捣蛋鬼一样，他对自然、对生活充满了好奇。

他观察蚂蚁、观察鸡，后来，他练就了能从小鸡的一鸣一啄中感知它们“喜怒哀乐”的本领。

除了好奇，好学也陪伴了杨弘远院士终生。

他从苏联专家带来的俄文书籍中，读到一本《被子植物胚胎学》，启发他走入了变幻莫测的植物胚胎学殿堂。

在一次实验中，同样是敏锐的直觉，让杨弘远院士意外地注意到培养的雌蕊子房中的异常变化。

这个变化让杨弘远院士思考了很久：科学家们一直倾心雄雌交配研究，那单雌能独立“生小孩”吗？能有办法让不受精的卵细胞在试管中发育吗？

为了这一新奇命题，破译植物繁殖的“谜中谜”，杨弘远院士和周嫦教授投入了10年的研究。

终于，在国际上，他们首次用水稻小花的子房培养出了“单亲孩子”，即卵细胞没有与精子融合就发育成胚胎，这些胚胎只有来自妈妈一方的遗传物质。

这在农林业生产中有重要的应用价值。

试想一下，如果一个雌性植物品种非常优良，那么，科学家通过一个试管，就可以培育出整片优质森林……

当然，这种方式同样有弊端，这相当于把鸡蛋都放在了同一个篮子里。所以，我们在满足于优良品种的同时，也要将野生植物的遗传多样性加以保存，以应对不断变化的自然环境。毕竟，大自然的变化是无法预测的！

果实为什么
有不同的味道？

我们印象中的果实是什么？你肯定会说水果呗。为什么是水果，是因为常见？是因为水分多？水果这类果实的含水量在80%以上，像甜甜的苹果啊、梨啊，酸酸的山楂啊，等等。

其实，还有一类果实，就是坚果。我们吃的部分大多为种子，它们含有丰富的淀粉、蛋白和油脂，如香香的核桃啊、板栗啊，带点苦味的银杏啊，等等。

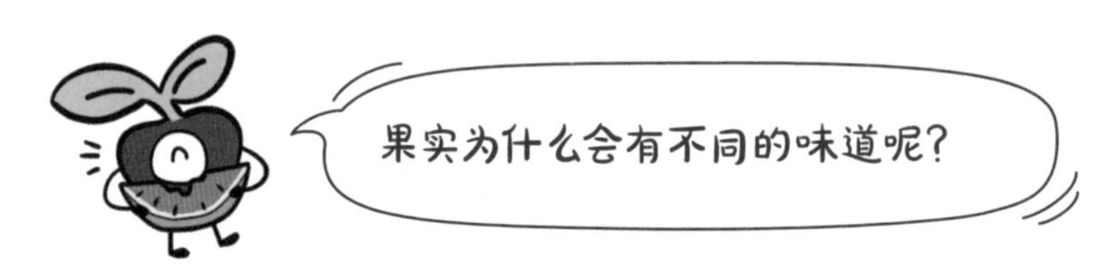

影响果实味道的主要是糖和有机酸。不同果实含糖、酸和香气成分的种类、含量和比例不一样，形成了果实千差万别的风味。

一般情况下，木本果树一年只结一次果。果实采摘后，就没有办法再从树体获得营养，维持生命啦。那它怎么才能新鲜好吃呢？其实，新鲜的果实采摘后仍然能够进行呼吸，它们在呼吸时，就将果实中的糖、酸物质转换成能量，维持它们的生命活动。但是，时间长了，果实呼吸消耗糖、酸后，它们的风味会变淡，品质下降。

那么，怎样保持果实采收后的风味品质，延长果实的新鲜度与供销时间呢？这就需要了解不同果实的生理特性，研发出有效的保鲜技术。

果实都有一个从成熟到衰老的过程，在这个过程中，都会呼吸和释放乙烯，这会让果实快速走向衰老，怎么办呢？这就需要抑制果实呼吸和乙烯释放，控制贮藏环境中的氧气和二氧化碳浓度。

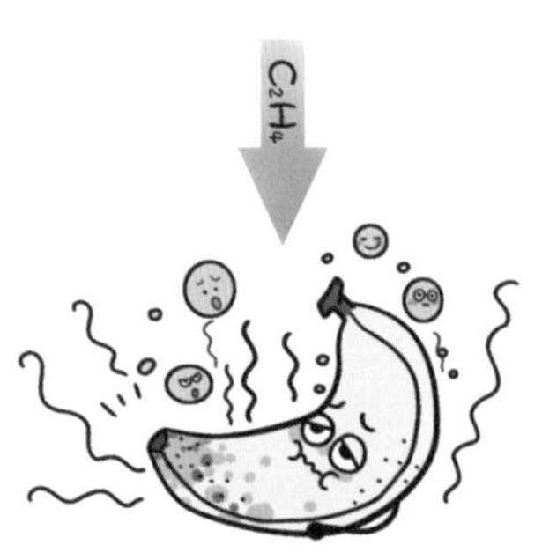

在小说《长安的荔枝》里有这样的故事：

我国在唐代，就发明了将荔枝鲜果放入竹筒密封的保鲜方法，其原理就是利用荔枝果实自身呼吸消耗竹筒中的氧气，同时放出二氧化碳，改变了环境中的氧气和二氧化碳浓度，形成自发性气调的保鲜环境，从而抑制果实衰老，延长荔枝的保鲜时间。

这项发明为今天科技人员研发的“气调贮藏保鲜技术”提供了思路。目前，“气调贮藏保鲜技术”已经在全球广泛应用，使得许多水果的采后保鲜时间大大地延长，如苹果、猕猴桃的保鲜期可达 10 个月呢。

有一位老科学家，与苹果相伴了70载，带来了“累累硕果”，他的研究让果农增收，让果业兴旺……他就是中国工程院院士、果树栽培学家——束怀瑞。

他总说：“做科研不能总跟在别人后面，要有自己的特点。” 所以，当别人在果树栽培上着眼于修剪整形、浇水施肥时，他独辟蹊径，率先开始研究果树的根系。

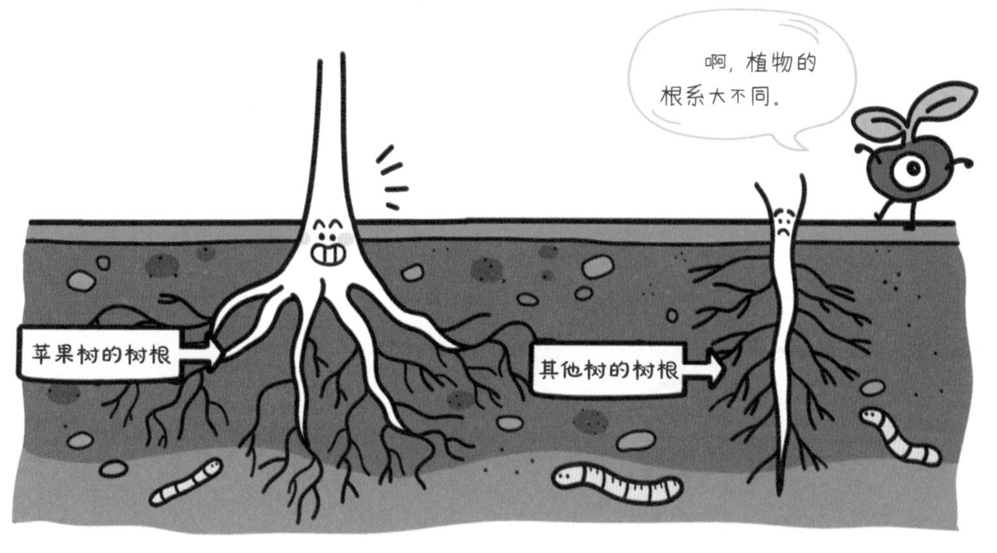

根系长在地下，研究难度很大，他不辞辛苦挖来不同类型的果树“刨根问底”。束怀瑞院士团队对果树根系和营养的研究，极大地推动了果树的生产，不少成果在国际上也产生了重要影响。

在20世纪初，中国的柑橘产业曾危机重重，就连橙汁也要依靠进口原料。

1998年，以邓秀新院士为首席专家组成的课题组，承担了国家“948”计划——柑橘良种及配套技术引进与推广等一批科研项

目。从柑橘的品种改良、推广先进的种植技术、防治病虫害、提升加工能力等多方面入手，这个专门项目的实施，使中国柑橘从整体上更新换代了一次。

2008年，中国的柑橘产量就超过巴西，中国成为世界柑橘第一生产大国。

中国的农民们在中国科技的加持下，种出了全世界近70%的西瓜，全世界32%的柑橘，全世界50%的苹果，全世界98%的杨梅……

中国目前是世界第一大水果生产国。苹果、柑橘、梨、桃、西瓜等水果产量居世界第一。香蕉、葡萄、菠萝的产量也位居世界前列。

蓬勃发展的中国水果产业饱含着科技的甜美味道，以“从枝头到手头”的全程质量追溯体系，为中国人“共谋绿色生活，共建美丽家园”，收获累累硕果。

植物“小孩”是怎么走出家门的？

“海阔凭鱼跃，天高任鸟飞。”

孩子长大了，总是要离开爸爸妈妈，到外面的世界去走走看看。

牛马有脚，鸟有翅膀，植物怎样“走”出家门呢?

你有没有读过一篇《植物妈妈有办法》的文章?

植物妈妈为了繁衍后代，会生产很多种子，这些种子就是植物妈妈的“小孩”。

为了让自己的“小孩”走出家门，寻找更广阔的生存空间，植物妈妈可是想了很多办法呢!

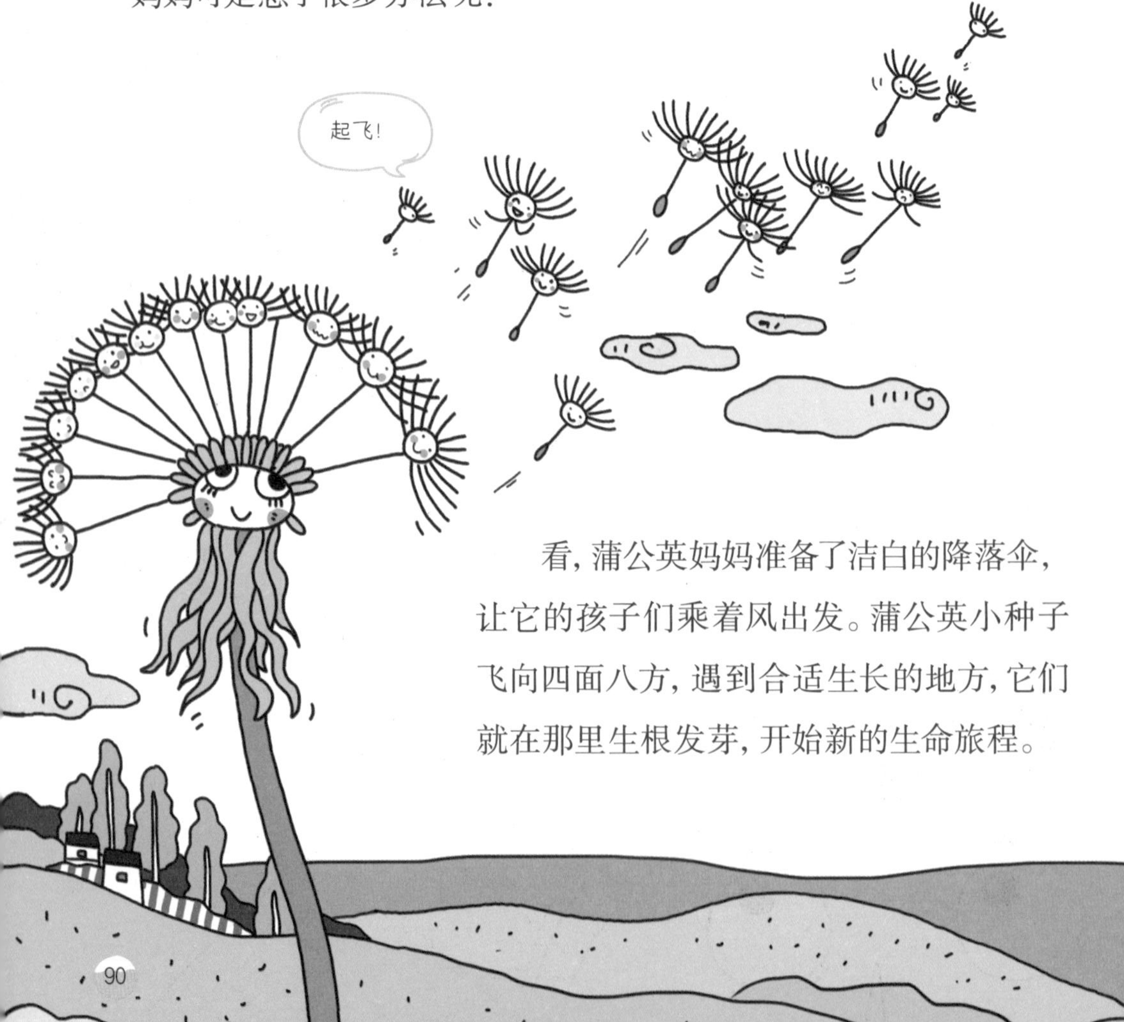

看，蒲公英妈妈准备了洁白的降落伞，让它的孩子们乘着风出发。蒲公英小种子飞向四面八方，遇到合适生长的地方，它们就在那里生根发芽，开始新的生命旅程。

苍耳妈妈呢，它会让孩子们搭乘动物和人类的“顺风车”走出家门。它给孩子们穿上带钩的铠甲，铠甲上的钩很细，很容易就能挂到动物的皮毛或人的衣裤上。

不要害怕，这些就是想搭乘“顺风车”的植物种子，如果你再看到它们，请轻轻用手拿下，把它们放到泥土里，为它们走出家门义务地做出贡献吧！

供植物小孩搭乘的“顺风车”还有很多。

也许是小鸟的胃。

挂在枝头香香甜甜的果子，是小鸟们最爱吃的美食。

当它们被吃进小鸟的肚子里后，果皮和果肉会被消化吸收，但种子会随着鸟儿的粪便排出体外，就这样，植物种子找到了新家。

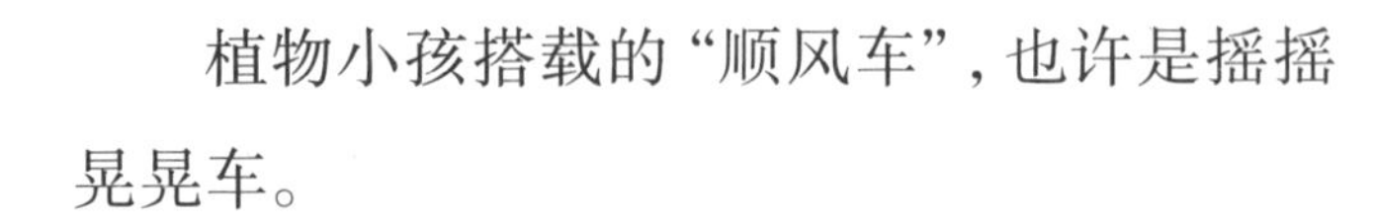

植物小孩搭载的“顺风车”，也许是摇摇晃晃车。

蚂蚁常常收集种子运回巢穴，但是有些种子会被掉落或遗失在路上，被土掩埋后，从此生根发芽，开始生存繁衍啦！

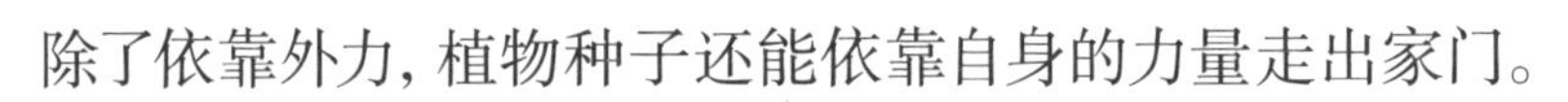

除了依靠外力，植物种子还能依靠自身的力量走出家门。

豆科妈妈会晒着太阳，等待着……

等着豆粒成熟，豆荚枯萎，弓形的豆荚会把种子——豆粒像子弹一样弹射出去。

不需要外界提供能量，不用改变自身的结构，根据豆粒成熟时间自动定时，时间一到，种子就自己走出了家门。多么神奇啊！

为了帮助自己的小孩走出家门，植物妈妈们可是“八仙过海各显神通”啊！

有这样一粒种子，它不仅走出了家门，还走出了国门，成了中国的骄傲！

它和恐龙生活在一个年代，人类发现了它的化石，以为它已经灭绝了，但若干年后，竟然发现了它活着的植株。

它就是被称为“活化石”的水杉。

在植物界发现水杉，相当于我们在动物界发现了活着的恐龙。

发现和命名水杉的是我国“生物学界的老祖宗”、植物学界的一代宗师——胡先骕先生。

胡先骕先生出生在甲午战争爆发的那一年，这场战争最后以中国战败，割地赔款结束。

那时候有志气的中国人都在想着如何改造我们的国家，这之后的100多年，中国发生了翻天覆地的变化，而胡先骕先生就深深参与其中。

胡先生小时候说话很晚，但是他可是当地小有名气的神童。

这个“小神童”15岁考入了大学，18岁去美国留学。

在美国学习森林植物学时，他立下了小小的心愿——乞得种树术，将以疗国贫。

学成回国后，他发现中国有几千种植物资源，却默默地藏在大山中，没人去发现、挖掘。胡先生想开拓出中国自己的植物事业。

为此，他筚路蓝缕，先后创办了中国第一个生物系，编写了中国第一部高等教育生物学教材，创立了中国第一个生物学研究机构，还在庐山创办了我国第一个植物园……

在胡先生做着这些事情的同时，在我国西南部，一位年轻的植物工作者王战来到了一座叫磨刀溪的古镇，传说这里是三国时期关羽磨刀的地方。

在这里，他发现了一棵高大挺拔、气势雄浑的古树，这跟他在书中看到的所有树木品种都不一样，他不知道这棵树应该叫什么。

他仔细地采集了这个植物的标本，在这之后的7年里，这个标本辗转于我国近10名植物学工作者之手。大家都觉得这是一个新物种，但到底是什么，谁也不敢肯定。

最后，这个标本摆在了胡先骕先生的书桌上。

经过数次研究，胡先骕先生记起他在一本植物杂志上看过的文章，那篇文章里提到了古植物学家在化石中发现的一个新类别。

通过反复比较，胡先骕先生认定这棵古树标本就是这个化石新类别的一种——水杉。

一个和恐龙同时代、消失了亿万年的物种在地球上重新出现了，这一发现如一声惊雷轰动了世界。

要知道，把从活体植物上采集到的标本和亿万年前的化石联系起来，确定它们是同一种植物，可不简单呀！

这不仅要全面掌握现有的在地球上生存的植物，更需要对古植物学非常熟悉。从这里，你能领略到胡先生的学识渊博、记忆力超群了吗？

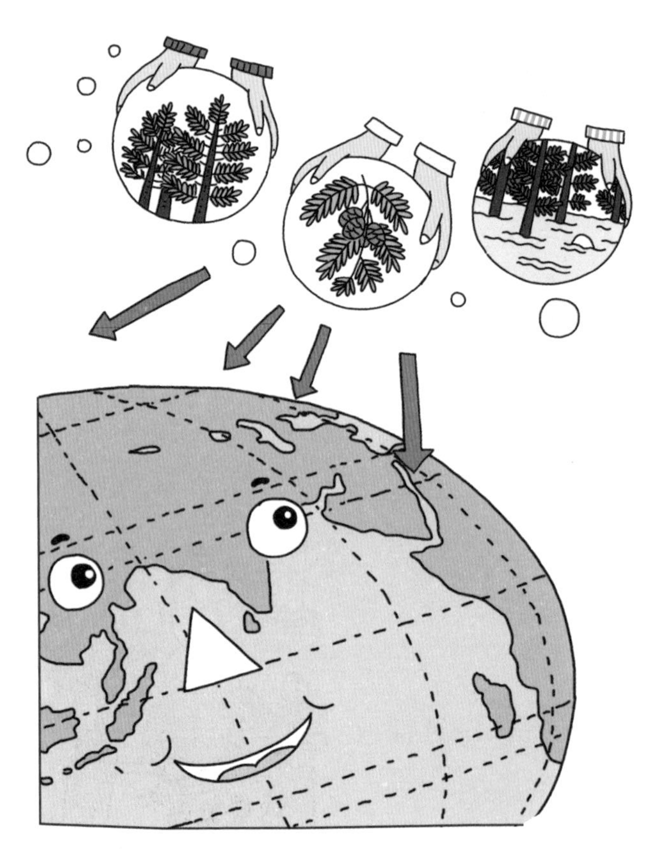

水杉发现后，中国领导人多次把水杉种子、苗木作为国礼赠送给外国首脑。

中国的植物园也向世界各国的植物园赠送、交换水杉种苗，至此，这种地球上最古老的植物种子走出了国门，遍及亚、非、欧、美等各大洲70多个国家和地区。

消失了亿万年的水杉竟然还生活在绵绵群山中，这不能不说是一个植物的传奇，而发现这个奇迹的科学家是不是更加传奇？这样的传奇是不是让你脑洞大开，也想去创造下一个传奇？

为什么小草“野火烧不尽”？

离离原上草，一岁一枯荣。

野火烧不尽，春风吹又生。

秋风起，树叶黄了，小草枯了，大山也披上了一层厚厚的黄色。但冬去春来，大树和小草又会开枝展叶，为大自然装点一片翠绿。

高山上，一阵焚风来，干枯的枝叶上闪出星星点点的火光，接着，一场大火燃尽了草木……

但是，不用担心，严寒和大火磨灭不了小草的坚忍，来年，小草还是会凭借强大的生命力恢复如初。

你有没有想过，为什么小草的生命力这么顽强？为什么小草野火也烧不尽呢？答案就藏在小草自己的生命历程中。

被称作是“草”的植物其实也有很多种类：

在一年内完成开花、结果、枯萎、死亡的，被称为一年生草本植物。

在第一年完成枝繁叶茂的生长，第二年才开花、结果，然后枯萎、死亡的，我们称为二年生草本植物。

如果需要两年以上的时间才能完成整个过程的，我们称为多年生草本植物。

那么不同种类的草本植物在应对环境时都有怎样的绝技呢？

一年生草本植物其实在一年内已经完成了繁衍后代的使命，所以，不管是在山火后萌发的幼苗，还是来年春天生长的小草，我们看到的都不再是去年的那些小草了，而是种子萌发后形成的新的幼苗啦！

一年生草本植物是顽强的，同时也是脆弱的。它们保障自己后代延续的唯一绝技是种子，所以，如果在开花结果前，或在种子成熟前，植物遭到了破坏，那即便春风吹来，一年生草本植物也难以再生了。

二年生与多年生草本植物更顽强，它们除了通过种子繁衍后代，还有特别的自我保护技能哟。

首先是藏在坚实的后盾——土壤中。

二年生草本植物地上部分的茎叶通常在冬季干枯，只保留地下的根茎。山火来袭时，只能烧毁地上部分，地下的根茎受到土壤的保护幸存下来，在生长季便能再次萌发，再次开花、结果，恢复生机。

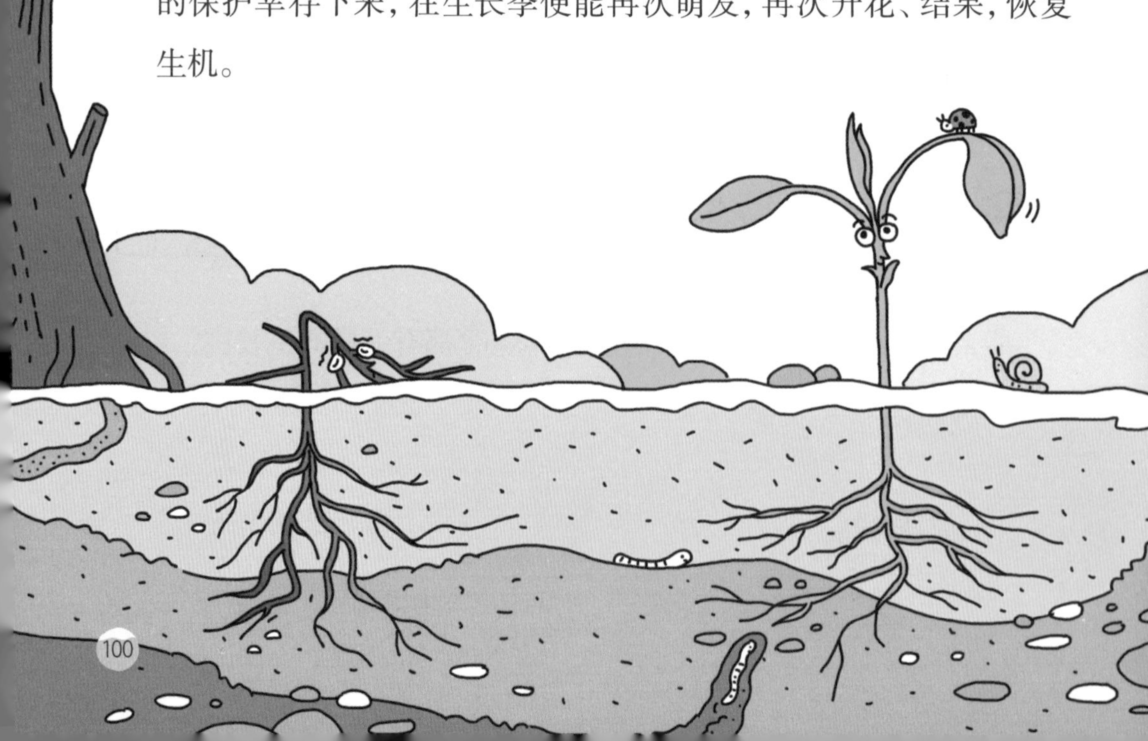

其次是常绿的植物本身。

多年生草本植物也通过地下的根系来保障生命的延续，但与二年生草本植物不同，有些多年生草本植物地上部分并不枯萎，如麦冬等。

除了小草生命韧性的自我保护，还有什么是小草“春风吹又生”的助力神器呢？

你知道吗？有些种子在恶劣环境中，是可以睡觉的。

研究发现，烟雾中存在的有些物质能够促进种子发芽，但还有一些对种子发芽起到抑制作用。

让人惊奇的是，一旦抑制种子发芽的活性物质被雨水冲走后，种子就又能正常发芽啦！这就是聪明的种子休眠的作用。

既然草本植物的生命力这么强，那我们是不是就可以肆意开发利用它们哪？

当然不是！我国部分地区就曾尝到了恶果——因人们过度放牧等原因，使得牧草产量严重下降。

新中国成立之初，有这样一位年轻人，他深知中国是世界草原大国，有着丰富的草原资源，要充分开发利用，发展畜牧业，他毅然

决然地来到大西北，扎根群山和草原，将大西北的广袤大地作为自己的实验室，一待就是半个多世纪。

这位年轻人就是有着高天厚土"寸草心"的任继周院士。

你很难想象，当时，西北地区交通不便，再加上高海拔带来的缺氧与严寒，生活与科研条件有多么艰辛。

但是，办法总比困难多！

实验设备缺乏，怎么办？任院士就自制天平、采集杖。

草原上蚊虫叮咬，疼痒难耐，怎么办？他也有应对之策，把衣物浸泡在农药中，自制毒甲，穿在身上。

回想这独一无二的自制毒甲，任院士笑着说道："虫子不敢近身，但残毒可能致命。而我却能活这么大岁数，很奇怪，好像真的百毒不侵！"

在实地考察的过程中，任继周发现草原上鼠洞周围的草通常长势好：或许这里隐藏着牧草增产的方法。

经过一段时间的观察，任继周终于得出结论：草原上千百年来盘根错节的草根把土壤捆在一起，形成了草毡土，而鼠洞的存在破开了草毡土，使土壤更加透水、透气，也让草吸收到了更多的水分和氧气，自然就长得更好了。

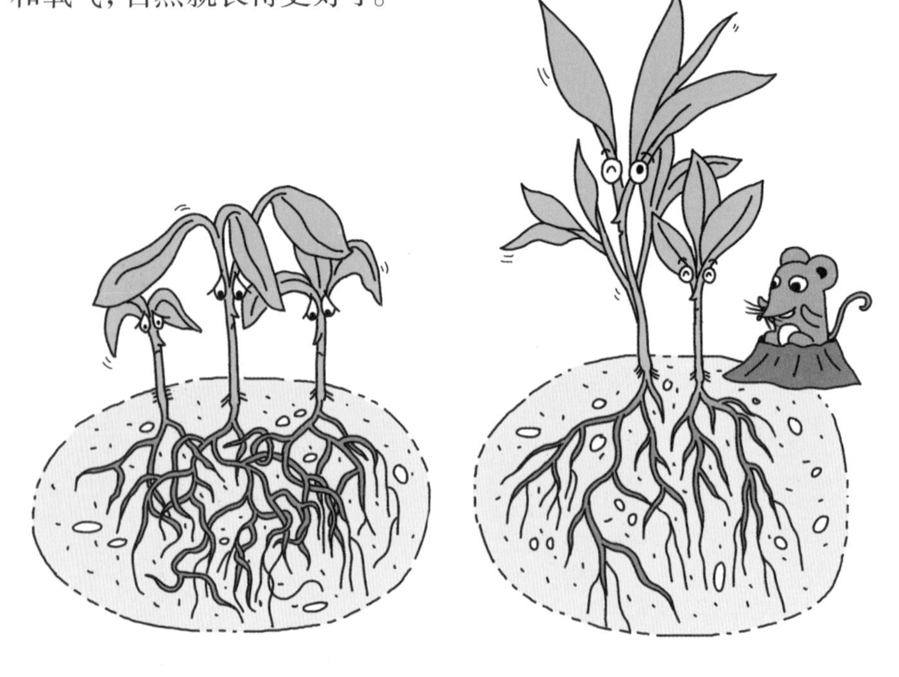

想到这里，他说干就干，开发出了破土不伤草的“燕尾犁”，解决了草皮通气透水的问题，牧草长势喜人，产量大大提高。

现如今，中国草业科学正蓬勃发展，你是否也想成为一名林草科学家，扎根于旷野中，像小草一样，无论遇到什么困难，依旧怀揣着赤诚之心，坚信自己就是那株小草——“野火烧不尽，春风吹又生”呢？

终点
水能往高处流吗？
1
2

俗话说："人往高处走，水往低处流。"可是，位于高处的树叶是怎样"喝"到地下的水的呢？难道水能往高处流吗？

要回答这个问题，我们先来做个实验。

把一枝白色玫瑰花插在有蓝色墨水的瓶中，等待一段时间，猜猜看，本来白色的玫瑰花会发生什么变化？

哈！变成了一朵漂亮的蓝玫瑰。

为什么会有这么神奇的现象呢？

关键就是两个字：水势。

水势可以理解为水溶液中水分子的能量，通常纯水的水势最高，水溶液中由于有其他离子或分子的存在，导致水分子的能量变低。

所以，判断植物细胞中的水流方向，靠的就是水溶液的纯度。

小贴士

在自然界中，水往低处流是因为位于空间上高处的水有高的势能，在地球重力的作用下向低处移动。

在植物细胞中，水的运动实际上也是"水往低处流"，只不过是由水势高往水势低流动。

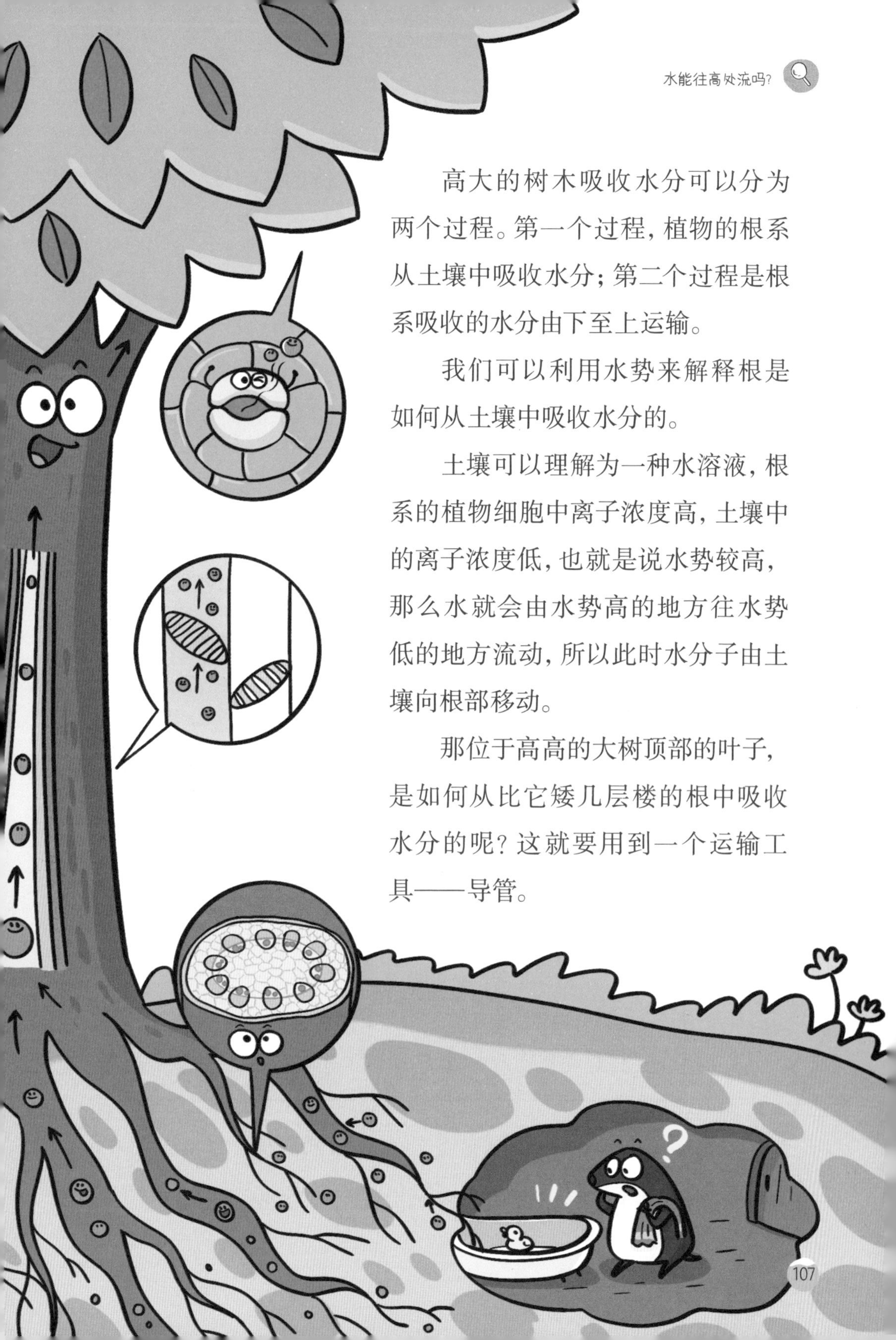

高大的树木吸收水分可以分为两个过程。第一个过程，植物的根系从土壤中吸收水分；第二个过程是根系吸收的水分由下至上运输。

我们可以利用水势来解释根是如何从土壤中吸收水分的。

土壤可以理解为一种水溶液，根系的植物细胞中离子浓度高，土壤中的离子浓度低，也就是说水势较高，那么水就会由水势高的地方往水势低的地方流动，所以此时水分子由土壤向根部移动。

那位于高高的大树顶部的叶子，是如何从比它矮几层楼的根中吸收水分的呢？这就要用到一个运输工具——导管。

你知道吗？在树根和叶片之间有很多根长长的导管，就像我们喝牛奶的吸管。

光准备吸管还不行，还得有吸力。

我们知道，人喝牛奶，靠的是嘴巴吸。水泵将水从低处往高处运输，靠的是电能，那植物靠的是什么呢？

蒸腾作用！

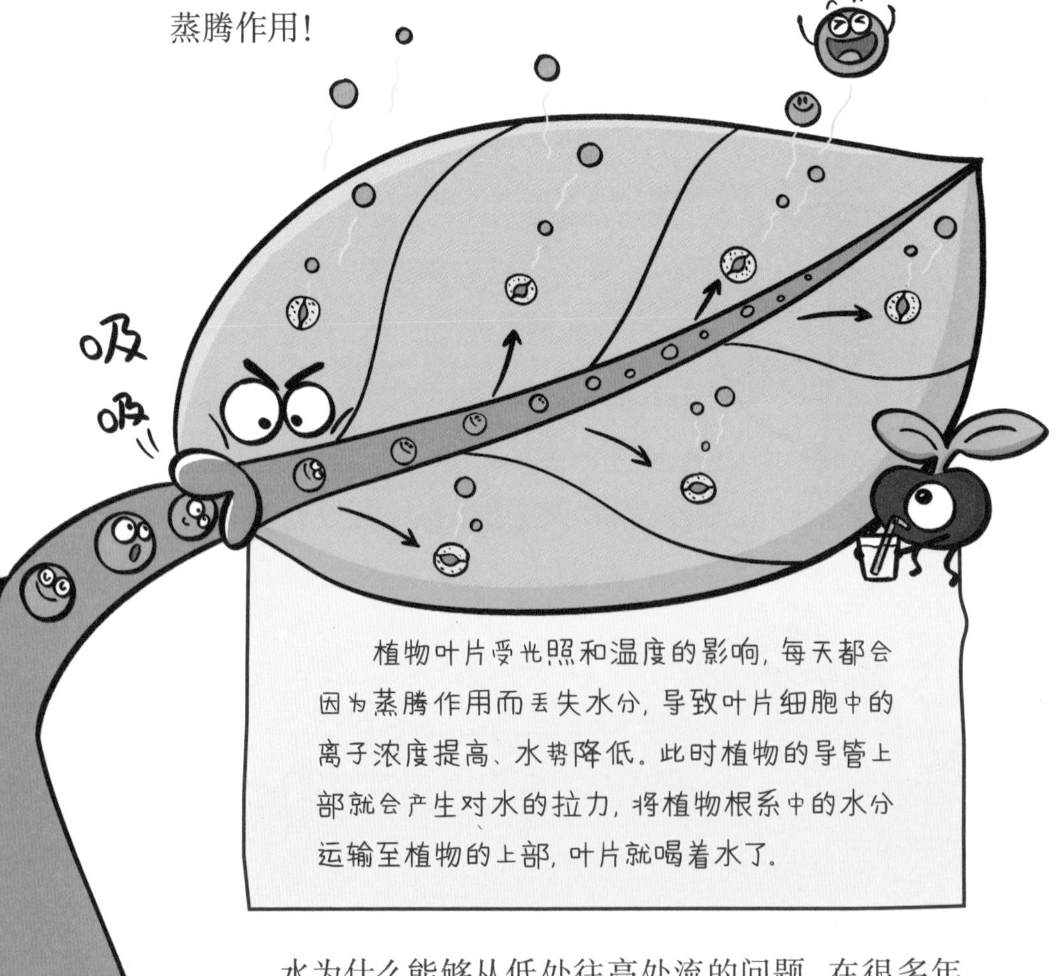

水为什么能够从低处往高处流的问题，在很多年前引起了中国植物学家汤佩松院士的兴趣。

1933年夏天，年轻的汤佩松放弃了在美国获得的优厚条件，毅然回国投入科学研究和教育事业。

有人追问他回国的动机，他坦言，只因为一个非常简单的信念：报国恩。他说：“我是一个中国人，当然要回中国去。”

他决心要“为百孔千疮的祖国，做出自己应当做也能做的贡献”，“为战时和战后的国家，储备、培养一批实验生物学的科学人才”。

当时条件非常艰苦，他在西南联合大学创办的研究室遭到了敌机一而再，再而三的炸毁。

后来，他们被迫搬到了昆明北郊的一个小村庄——大普集。在那里，他组织筹建了科研教育基地，吸引了大批科学界同仁，并频繁地开展学术交流活动。

在精心为国培育人才的同时，汤佩松也醉心于科学研究。他提出了长期困扰自己的一个科学问题：水是如何从根部“流”到树冠的呢?

念念不忘，必有回响。

物理学家王竹溪和汤佩松既是湖北老乡，又是至交好友，他们通过不断交流讨论和思想碰撞，提出了用“水势”来解释水是如何进出植物细胞的。

后来，他们根据得出的结论撰写论文，并投稿给美国一家学术杂志，由于当时通信不便，他们一直没有收到杂志社的回复，也不知道论文的下落。

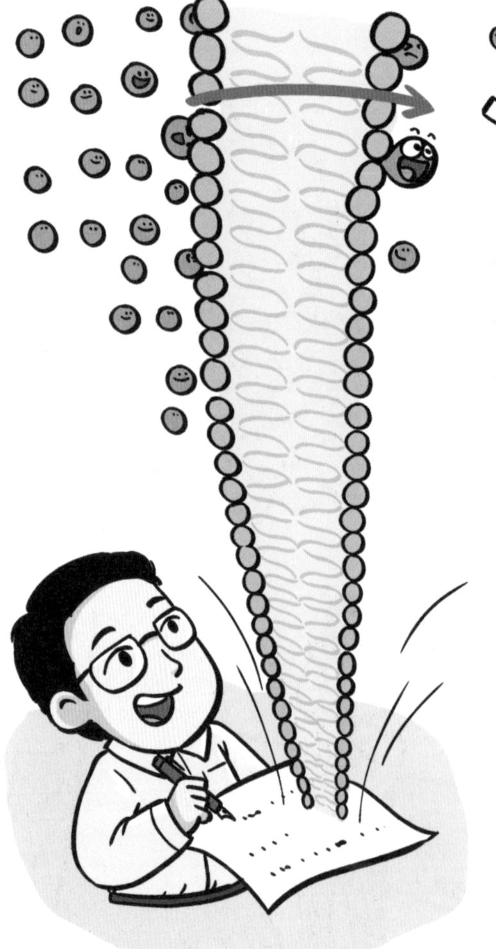

直到1983年，已80岁高龄的汤佩松院士访问美国时才知道，那家杂志早在1941年就刊发了他们的文章，可惜当时没有受到学界的注意。而美国同行在20多年后才提出相同的理论。也就是说，我国的这一科研成果比国外超前了20多年。

你可能会想，这一成果和我们今天的生活有什么关系呢？

当然有！

根据水势理论，科学家们研究出了很多种测定植物水势的方法，通过测定植物的水势，就可以知道植物是缺水了还是水多了，并以此来作为灌溉的参考指标，这样既可以节约水资源，也可以让植物长得更“滋润”。

近些年，我国出现了根据水势情况，提醒工作人员启动灌溉设施的“神器”——茎水势传感器。

它就像嵌进树干里的植物听诊器一样，能够实时地、自动地、连续地获得植物茎水势的精确数据，然后发送给果园的工作人员。果园的工作人员接收到数据后，再综合温度、湿度等数据进行“精准滴灌”，保证了植物“随渴随滴”。

这些精心灌溉出来的果树，也的确不负所望，长得比普通果树更茂盛，结的果子也更多、更大。

我们再想一下，如果土壤的水势低于根部细胞的水势，会发生什么情况呢？

对，植物水分流失，严重的还会造成死亡。

盐碱地就是一种练就了吸水大法的土壤，植物很难在上面生长。

在我国吉林省的西部，曾经有大片盐碱地，被称为“八百里瀚海”。那里的老百姓生活非常艰难，国家级贫困县镇赉（lài）县就在那里。

科学家为这里的土地寻找适合生长的植物。他们尝试旱田改水田，以水稻“攻克”盐碱地的方法。不过，普通水稻品种可是不行的，30多年，经过三代科研人员的接力，终于培育出了适合当地种植的高产、优质的水稻新品种！

看，大型农机正在水田作业，金灿灿的稻穗正被收割、打捆，令人头疼的盐碱地居然也飘出了稻香，这就是科技的力量！

大自然真的很神奇，看似稀松平常的现象，背后却藏着科学奥秘！还有更多更神奇的奥秘，正在等待你们去发现，去探索！

为什么很多树木
要“系腰带”？

春天就要到了，当你迎着朝阳，和同学们一起走在熟悉的、通往教室的路上时，会发现路旁的大树有了变化，它们添置了一条“金腰带”！

为什么要这么做呢？为了好看？为了给大树保暖？

当然不是了！

负责照顾大树的叔叔们，可不会只是因为美观，就大费周章地去打扮每棵树。至于保暖，虽然我国北方部分地区会在冬季为树木“穿衣服”，但显然，仅仅一条“金腰带”并不能帮大树们抵御严寒。

拦截害虫啊！

早春时节，万物复苏，随着气温的逐步回升，许多害虫也从漫长的冬眠中苏醒，开始蠢蠢欲动了。

科技人员观察到许多害虫有在树上、树下来回搬家的习性，甚至有些害虫在小时候还会日出上树，午后下树入土，直到完全成年才会在树上“定居”。

于是，科技人员就想出了应对的策略——通过给树木“系腰带”来防治害虫。

“腰带”的款式可多了，最常见的一种是紧贴在树干上的光滑的腰带。它们可以使草履蚧等不能飞行的昆虫爬到此处时“脚打滑”，从而有效阻止这类害虫上树。

还有一种“腰带”表面是黏黏的，可以像粘鼠板一样，使在树干上“遛弯儿”的害虫在经过此处时被粘住。这对于灭杀跳跃能力很强的斑衣蜡蝉若虫十分有效。

除了“系腰带”外，我们还可以通过什么生物防治技术，来保护大树远离害虫的侵扰呢？

“一物降一物。”

我们知道的黄鹂、啄木鸟等都是厉害的捕虫能手。在森林里放上鸟巢，招引它们来帮我们“守护”树木是一种方法。

小贴士

什么是“生物防治”？

就是一种运用生物学手段防治害虫的新方法。它能在不影响树木正常生长的前提下，驱杀害虫，最终降低树木发生病虫害的风险。

另外，在自然界中，每种动物都有自己的天敌，昆虫也不例外。

我们还可以请害虫的天敌来帮忙。

可是，我们并不了解所有的害虫呀，这可怎么办呢？别着急，再狡猾的“狐狸”也斗不过好猎手。

有一位科学家，他从小就和虫子“做游戏”，了解很多虫子的习性，后来他成了抓捕害虫的“好猎手”。

他就是我国著名的昆虫学家、害虫生物防治奠基人——蒲蛰龙院士！

蒲院士是我国最早推广和应用“以虫治虫”生物防治手段的科学家。

小时候，蒲院士父亲的工作经常调动，他就跟着父亲在城市和乡村之间来回“穿梭”。

他特别喜欢到田野里玩，追逐田里的各种小虫子。那时候，昆虫就是和他游戏的小伙伴。

蒲院士的父亲看到他喜欢昆虫，便时不时地给他讲一些昆虫知识，他便对昆虫的世界更加好奇。

后来，喜欢大自然、从小和昆虫打交道的蒲院士如愿以偿地考上了中山大学农学院，学习了昆虫专业。

那时候他才知道，中国的昆虫学还很落后。昆虫种类有上百万种，但是我国能查到名字的只有两万多种，而且大部分还是外国人分类鉴定的。

蒲院士立刻感到肩上的责任大起来了，他希望早日练好“昆虫分类”的功夫，为我国昆虫分类学的发展做出贡献。

后来，他又出国进行学习研究，学成归国的他，本来可以安稳地坐在实验室里继续做研究的。但是他看到刚刚成立的新中国，许多地方都发生了严重的农林病虫害。农民辛辛苦苦种了一年的庄稼，可能会因为虫害，颗粒无收。

当蒲院士看到当地农民还在用手扎的小扫帚一只一只把害虫扫进小水盆里时，他感到很震撼，这是一种多么古老的除虫方法呀，这样何时才能把害虫除掉呀！

用什么方法，既不污染环境，又能迅速抓更多的害虫呢？

蒲院士想到，既然自然界的食物链就是上游吃下游，为什么不用害虫的天敌来消灭它们呢？

于是，一个“以虫治虫”的生物防治方法，在蒲院士的脑子里悄然而生了。

知己知彼，百战不殆。要想“以虫治虫”，就要知道，害虫的天敌

是谁。这正好用到了蒲院士的专业研究——昆虫分类学。

他知道，有一些寄生蜂是害虫的天敌。像赤眼蜂、平腹小蜂，它们的个头非常小，小到用显微镜才能看到。但是它们可以像孙悟空那样，钻进害虫肚子里，把害虫消灭掉。

但自然界中野生的寄生蜂不多，捉起来也很困难，最重要的是它们可不会听从人类的指挥。

于是，蒲院士开始“养蜂”。

为了提高繁殖率，他经常半夜起床，打着手电筒到茅屋里细心观察小蜂的活动情况。

通过观察，他发现适当的温度是保证小蜂正常繁殖的重要条件之一，于是他就用各种方法给小蜂“保温”。

功夫不负有心人，寄生蜂繁殖成功了。

蒲院士把养蜂方法教给了农民，赤眼蜂和平腹小蜂可派上了大用场！

在我们国家广西一带，很多农民种植甘蔗。但小小的甘蔗螟虫，却使甘蔗大大减产，成了蔗农的大敌。于是，蒲院士把赤眼蜂“派”了过去。

在可以“日啖荔枝三百颗”的岭南，有一种蝽象，就是我们认识的放屁虫、臭大姐，喜欢吸食荔枝的汁液，这成了果农的心头大患。于是，蒲院士就把平腹小蜂“派”了过去。

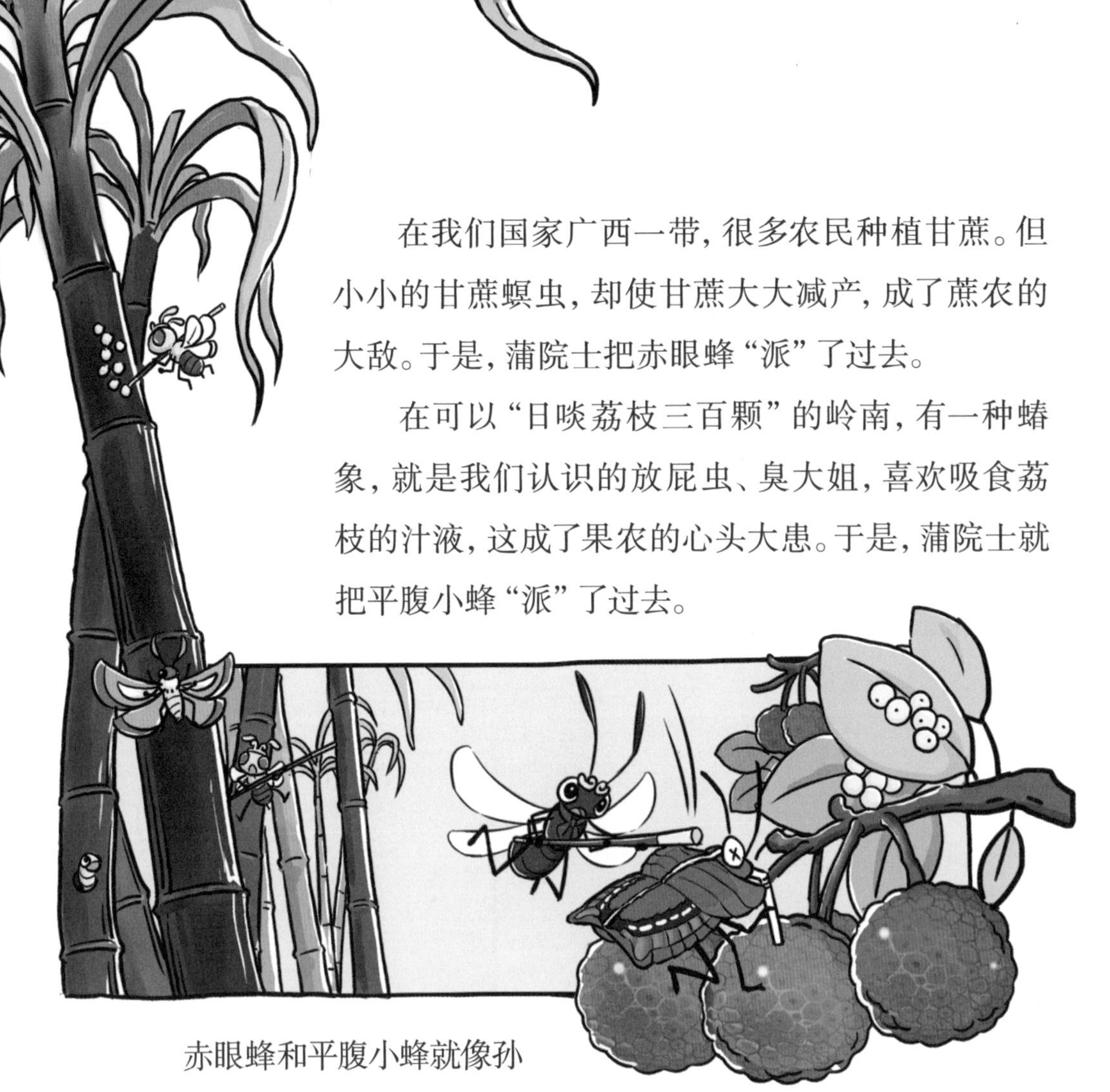

赤眼蜂和平腹小蜂就像孙悟空一样，狂扫害虫，发挥了巨大神力！

很快，“以虫治虫”在全国得到了大面积的推广和应用。

但蒲院士没有停下脚步，他还尝试了其他妙招儿，像用细菌控制森林害虫，派鸭子到田间吃害虫，等等。如果遇到哪个害虫很难治理，他就会运用组合拳，把各种方法综合起来，一起运用。

你们也发现了吧，有害虫，就有能克制它的天敌。你愿像蒲院士一样，将这些天敌巧妙地运用，让它们成为病虫害防治的“精兵强将”吗？

森林着火了，
一点好处都没有吗？

我们都知道小草“野火烧不尽，春风吹又生”，那森林呢？森林会在火中重生吗？

会的！

大火过后，一片焦土枯木的森林也会变得“欣欣向荣”。

你是不是感到很意外？森林着火竟然还有好处？

你知道吗，如果一片森林一直没有火，还会对森林里的植物产生一些伤害呢。

比如，森林里干枯的树枝和落叶，还有疯长的灌木丛和杂草，会堆积得越来越多。它们会引来许多有害的虫子，在大树中为所欲为，让大树生病。

所以，自然界中的生命万物都有自己的生存法则，自然界中的植物也有它们的多样性。

如果说“适当给森林一点火，可以唤醒新的自然生态”已经颠覆了你的认知的话。那么，像割韭菜一样反复收割的树，也一定会让你惊掉下巴。

假如你走进西双版纳，你会发现，傣族人家家户户竹楼旁都种着同一种树。

这是傣族人世世代代种植的树种——铁刀木。

这种树木木质非常坚硬，一般的斧头和刀很难将它砍开。树干中间是黑色的，所以也叫“黑心树”。

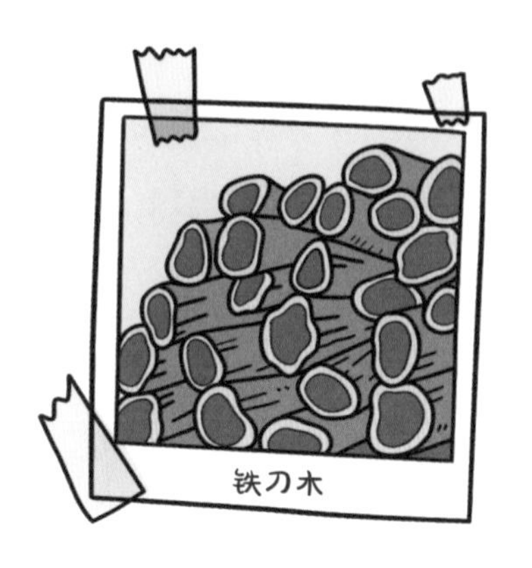

说起这“黑心树”，就要提到一个人，他就是我国民族植物学研究先行者裴盛基先生。

裴先生大学毕业后到昆明参加滇西北植物考察队，采集高山植

物标本和种子。在丽江的玉龙雪山和哈巴雪山上，神奇的高山植物深深吸引着初到云南的裴盛基。

工作的前5年，他参加过10余次野外考察，采集了数千份植物标本，几乎跑遍云南的山山水水。他与山民同吃同住，一起上山串村子，他发现，许多不为外人所知的植物，当地人都熟悉它们的功效和用途。

有一次，在碧罗雪山的一处山间草地沼泽区行走时，他不小心踏在一片漂浮的草丛上，陷入泥沼……危急时刻，身为当地人的同事老吕爬到不远处一棵七八米高的高原野樱桃树上，借助树枝的弹力将裴盛基从泥沼中拉了出来。

自那之后，他在植物学研究之路上更加义无反顾，立志终生守护植物的生命之根，这其中，也有对那棵“救命树”的报答之情。

30多年，裴先生潜心研究植物与传统文化，他发现这种“黑心树”可是“雨林能源树”呢。

铁刀木生长非常快，一般3～5年就长成了。长成后，傣族人就用它来当柴烧，因为树中含有油脂，作为柴火使用，火会烧得非常旺。

令人称奇的是，铁刀木被砍伐后，当年又会长出新枝，过两三年又可以再砍，像韭菜一样反复收割，而且它的寿命很长，一直可以砍伐几百年。

所以呢，傣族人民有一个习俗，为每年出生的小孩种下15～20棵铁刀木，这样，孩子一生一世都不愁没柴烧了。

但有一段时间，铁刀木因为价值较高，被肆意砍伐，大树被连根拔起，小树也遭了殃，就连树桩也被挖走，过去成片生长的铁刀木不见了……

傣族人传承了千百年的铁刀木雨林文化，就这样消失了吗？

裴先生说：“我们有责任发现它们，保护它们。”于是，他带领团队，在傣族村寨里恢复铁刀木种植，种下希望的树苗，继续延续着“雨林勇士”铁刀木的故事。

裴盛基说，植物文化不同于科学，但其中却蕴藏着无数的科学未知与秘密，这些植物文化是老祖宗建立起来，一代一代传下来的宝贵精神财富。

在一次国际会议上，裴先生自信地站出来，把我国少数民族利用植物时丰富的传统知识、生计方式，以及古老的农业智慧讲给大家听。

从此，“民族植物学的根在中国”成了越来越多植物学家的共识。

小贴士

裴盛基发现，当地山民有一套完整的刀耕火种的方式，十分精妙有趣。

他们会在烧过的森林中种植旱稻，种植过程中既不用施肥，也不用打农药，下地劳动的时间还不多，亩产的旱稻竟然足够他们一年的口粮呢。

更神奇的是，刀耕火种之后，土壤里会长出一些特殊的白茅草。

可别小瞧了这些白茅草，它的用处可大了。它不仅是一些野生动物的可口食物，还是人们盖房子的好材料。

白茅草不生虫、不怕涝，盖出来的房子冬暖夏凉，不怕地震，见天不漏，整个房子不用一根钉子一片铁，非常牢固安全。

所以，当地人把刀耕火种地叫作“百宝地”。

小贴士

在我们国家，只有经过严格训练的林业管理相关人员，按照科学合理的规划，才能依法进行“森林火烧”活动。任何个人未经许可在森林用火都是违法行为。

任何事物都有它的两面性，对于森林来说，火有它的另一面。虽然森林着火有时也并不是一件坏事，但是这并不意味着我们可以随意放火。

一场严重的森林大火会无情地烧毁生长几百年的参天大树……

还会摧毁许多小动物赖以生存的家园，让它们无家可归……

大火燃烧时产生的滚滚浓烟，会造成严重的空气污染，危害人类健康……

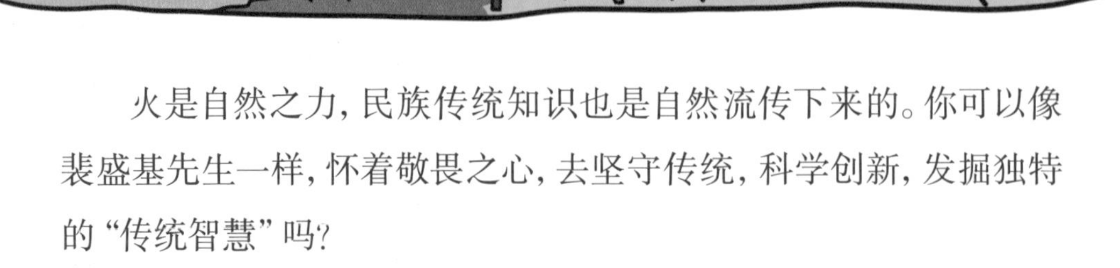

火是自然之力，民族传统知识也是自然流传下来的。你可以像裴盛基先生一样，怀着敬畏之心，去坚守传统，科学创新，发掘独特的“传统智慧”吗？

有没有不怕水的森林？

植树节，聪聪和同学们在公园参加植树活动。挖坑、栽树、填土、浇水……大家兴奋地忙碌着。一棵小树苗旁，聪聪看到刚刚浇下去的一桶水，已经被吸收了不少，心想：哎呀，这是不够喝呢。于是赶紧又拎过来满满一桶水，正准备浇下去，老师叫住了他，说：“小树苗需要水，可也怕太多水，太多的水会把它淹死的！”

听了老师的话，聪聪放下了水桶。他好奇地问：“所有的树都怕水吗？有没有不怕水的树呢？”

有！红树林。

红树林是红色的吗？

错！如果你见到过红树林，会惊讶地发现它们竟然是翠绿色的！这也是为什么它们被称为“海上森林”。

之所以被叫作红树林，并不是因为它的树枝和花瓣的颜色，而是由于红树林中含有一种特殊的物质——单宁。

当红树不小心受到伤害，树枝折断或者树皮掉落，内部的单宁遇到空气会迅速发生反应，使颜色改变，变成红褐色，这就是“红树”名字的由来。

小贴士

红树林里只有红树吗?

并不是！红树林其实指的是由很多植物组成的一个群体，是一种湿地生态系统，既包括很多生物，比如红树植物、半红树植物、藻类、海洋鱼类、微生物，也包括阳光、水分、土壤等非生物。

红树林就像一个“生物超市”，为依赖海洋生活的小鱼、小虾、螃蟹，还有小鸟提供了歇息和觅食的地方。

在热带、亚热带地区，在靠近海岸的沙滩地带，红树林就生长在那里。因为经历着潮涨潮落，红树林会一次又一次地受到潮汐海水的浸淹。不过它们可不怕，即使在淹水状态下，也能继续保持生命活力，茁壮成长。

红树林可以在海岸风浪大，土壤泥泞、松软且缺氧的环境中扎根立足，是什么给它们提供力量呢？

为了适应特殊的环境，它们的根逐渐长成了不同的模样，分别练就了特殊的本领。

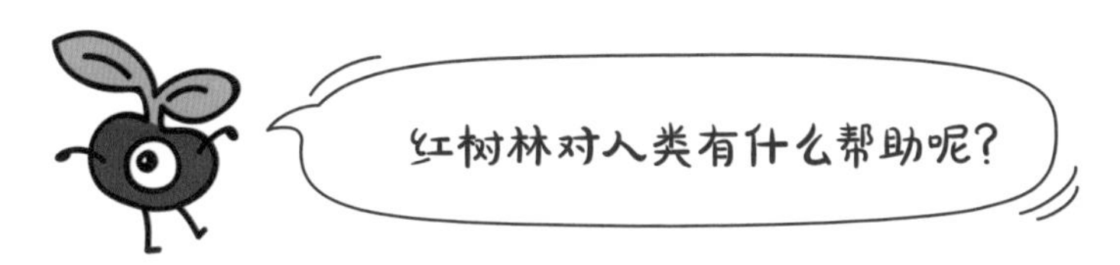

它们可是“海岸的卫士”呢！红树植物的根十分发达，盘根错节屹立于海滩中，庞大的支柱根能减缓波浪对海岸的冲击，因此对保护海岸有重要的作用。

在广东沿海地区，有一座叫作淇澳岛的小岛，平时默默无闻。2018 年台风“山竹”来袭，其影响范围内的多个地区交通设施、房屋建筑遭到巨大破坏。然而，淇澳岛上构造简单的堤坝几乎没有被损毁，停靠在小岛附近的舟船也逃过一劫。小岛一下子成了当时新闻的主角。小小岛屿抵抗大风大浪的奥秘是什么呢？就是淇澳红树林。

除了可以保护海岸，红树中的单宁也有很大用处。它不仅是一种天然的染料，可以用来制作钢笔墨水、印刷皮革的颜色，还能抵御昆虫的侵袭。

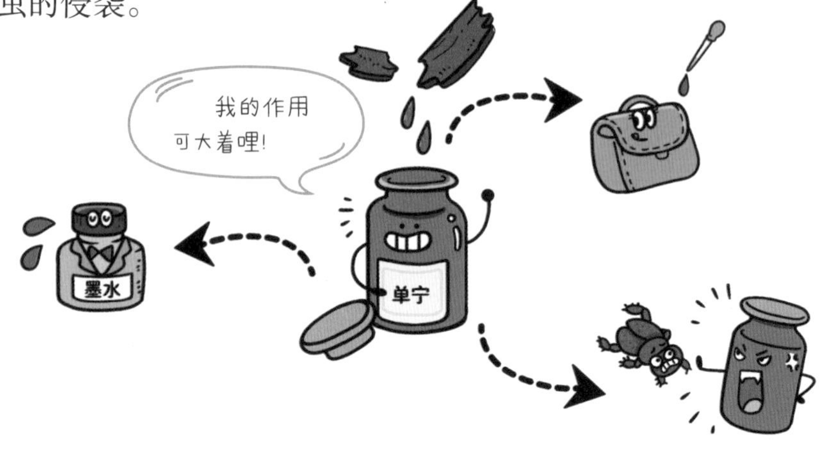

此外，红树林的储碳能力极强，是值得称道的固碳小能手。它们将多余的碳储存起来，保留在土壤中，不向大气排放，为保护自然环境贡献了自己的力量。

在厦门市下潭尾火炬大桥的一旁，有一幅完全由红树林勾勒的壮美画卷。这幅画卷是一组爱心和五角星图案，向海上延展开来，从空中俯瞰，蔚为壮观。

这组地标景观名为《我爱祖国》，其设计者和主持人是厦门大学教授卢昌义。这幅作品的背后是卢昌义和红树林40多年的情缘，更是卢昌义的导师、厦门大学红树林研究专家林鹏院士的努力和奉献。

大约70年前，还在厦门大学生物系读书的林鹏第一次接触到了红树林，这些神奇的、生长在海中的红树深深地吸引着他，从此，他与红树林结下了不解之缘。

一次，林鹏在查阅科研文献时发现，国外学者将中国大陆红树林列为空白，甚至还有人提出了“中国红树林已经消失”的观点，他很震惊，也深受刺激。于是暗下决心，一定要通过努力把这些错误的认识纠正过来。

从那个时候开始，他带领团队走遍了福建、浙江、广东、广西和海南等省和自治区的全部红树林区。为了研究红树林，他经常要站在没膝深的海水中，有时候一干就连续两三天，泡得脚都发白了……林院士一头扎进去，一干就是十几年。

差之毫厘，谬以千里。林鹏认为科学研究来不得半点差错，所以必须坚持亲自实践。就这样，林鹏带领他的团队掌握了中国红树林的第一手资料，他本人也被誉为“在海上种树”的科学家。

辛苦的付出终于没有白费。1980 年，他只身前往美国参加红树林学术会议，以确凿的事实、精确的研究、完善的数据，打破了国外对“中国没有红树林”的偏见，改变了国际学术界对中国大陆红树林及其研究的错误认识。

从那以后，中国的红树林研究迅速进入国际先进行列。林鹏也被人称为“中国红树林之父”。

其实，除了长在沿海地区的红树林，还有其他不怕水的植物，比如我们日常生活中见到的海带、紫菜、裙带菜等海藻。它们在水中快速生长，从海底伸向海面，形成了一片神奇的“海底森林”，十分壮观。海底森林和其他海洋生物一起，组成了独特的海洋生态系统。

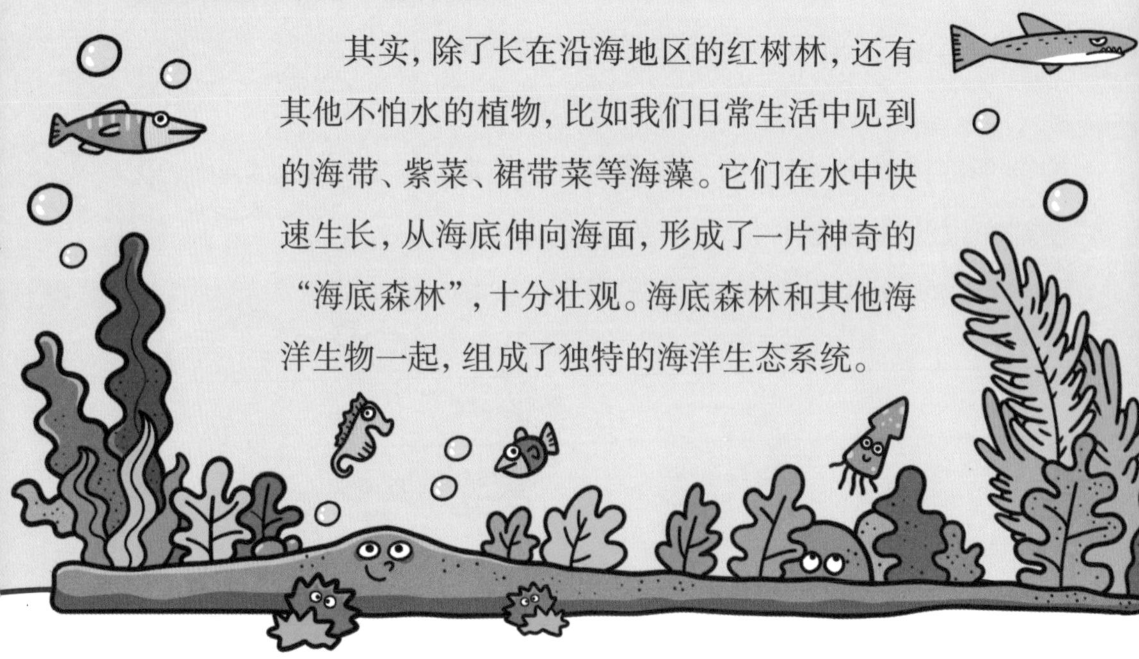

红树林守卫海洋，让我们来守卫红树林吧！让我们从身边的小事做起，树立环保意识，敬畏大自然，爱护好生态环境。未来还有更多的珍稀生物等待着我们的探索和保护！